长治五代建筑新考

贺大龙 著

文物出版社

2008年 北京

封面设计：张希广
责任印制：张道奇
责任编辑：周　成

图书在版编目（CIP）数据

长治五代建筑新考/贺大龙著 . —北京：文物出版社，2008.10
ISBN 978 - 7 - 5010 - 2540 - 4

Ⅰ. 长… Ⅱ. 贺… Ⅲ. 古建筑—研究—长治市—五代
（907～960） Ⅳ. TU - 092.431

中国版本图书馆 CIP 数据核字（2008）第 117510 号

长治五代建筑新考

贺大龙　著

*

文物出版社出版发行
（北京市东直门内北小街2号楼）
邮政编码：100007
http://www.wenwu.com
E-mail：web@wenwu.com
北京美通印刷有限公司印刷
新华书店经销
787×1092　1/16　印张：13.5
2008年10月第1版　2008年10月第1次印刷
ISBN　978-7-5010-2540-4　定价：180元

目　　录

插图目录

实测图目录

彩色图版目录

前　　言

PREFACE

前　言

　　山西是中华民族传统建筑的福地，保存着一大批中国传统建筑的优秀遗构。自上世纪30年代梁思成先生发现五台佛光寺东大殿，国内从此有了保存完整的唐代遗构[1]。时至上世纪50年代，五台南禅寺大殿和平遥镇国寺万佛殿等大批早期建筑的发现，更使山西拥有了"中国古代建筑的宝库"的美誉。其时在山西发现的早期木结构建筑（公元13世纪以前）已占了全国总数量的45%[2]。据上世纪80年代柴泽俊先生的调查统计，山西累计已发现"宋代以前（公元13世纪以前）的木结构古建筑一百零六座，占全国同时期木构建筑的70%以上"[3]。几代人的艰辛调查和努力研究，使一座座珍贵遗产被发现，并保存了下来。三晋人民在曾经的穷困饥寒中守望着祖祖辈辈创造的文明。他们是中华文明的创造者，也是民族遗产的守护者。

　　三十年过去了。在大规模的新农村建设之际，山西省长治市委、市政府安排市文物旅游局组织了所辖十三个市、县、区文物管理单位，在省古建筑保护研究所的配合下，进行了历史上规模最大、专业程度最强的一次木结构古建筑的调查，以期在新农村建设中对先人创造的文化遗产进行有效保护。在对各乡、镇、村摸底调查后，有重点地进行了勘测与研究，取得了丰硕的成果，认定发现元代以前的木结构建筑近百座。其中有金代建筑近二十座、宋代建筑两座。最重大的发现当属长治市长子县布村的玉皇庙前殿和小张村的碧云寺正殿，均属五代遗构。据统计，国内唐、五代建筑遗构有十一座，其中山西保存了九座，占到总数的80%以上。长治现存的唐代建筑有平顺天台庵弥陀殿，五代建筑有平顺龙门寺西配殿和大云院弥陀殿，加上新发现的两座五代建筑，占到全国同期的近半数。我们在调查和勘测时深切地感受到正是老百姓对古建筑的珍爱和保护热情，才使大量的地上文物得以保存，说山西是古建筑的福地一点不为过。随着第三次文物普查的展开，山西这座"中国古代建筑宝库"定会再添"国宝"。

　　唐代是我们民族的一个伟大时代。它的建筑、文化和艺术遗存都堪称世界级珍宝。令人遗憾的是，这一时期保存下来的木结构建筑却仅有寥寥数座，而且大都分布于僻壤乡间，难以全面展现当时的官式风采。对于唐、五代建筑的研究，我们只能根据国内基本保存原构的十一座实物，再加上河北正定开元寺钟楼（下部被认为是唐代遗构）[4]和十几座唐风犹存的辽代遗构。另外，还有唐代壁画中的建筑形象和承袭中国建筑体系的日本同期建筑可资凭借。

这两座幸存于乡村窝铺的五代殿堂，尽管不是当时宫殿内的大雅之堂，却具有显著的唐、五代建筑特征，同时还包含了许多已发现遗构中未曾见到的信息。例如，在结构方面，碧云寺正殿的"华栱、耍头并出一跳"和玉皇庙前殿的"昂式耍头"都衔接起日本飞鸟式建筑中类昂、类耍头、类斜梁的"游离尾垂"，表现出向佛光寺东大殿下昂过渡的发展脉络，揭示了昂的产生和发展。从碧云寺正殿的"华栱头与昂斜切"和大云院弥陀殿转角斗栱的做法，不难看出华头子是如何产生的。碧云寺正殿翼角椽的布列，反映了不同于南禅寺大殿的又一种平行翼角椽的做法，可以看到后世翼角布椽法的雏形。玉皇庙前殿耍头的三种置放方式，显示出耍头的早期功能和与铺作结合的必然性。又如，在构件方面，从天龙山北齐窟檐和厍狄回洛墓椁的栱头，到过去发现的唐、五代遗构，都无一例外的是分瓣内颤的做法。碧云寺正殿的折线栱可追溯至"汉式斗栱"做法，玉皇庙前殿无瓣外撇的栱头又可与日本飞鸟式建筑的栱头相对照，从而为唐、五代栱头做法增补了新的式样。玉皇庙前殿的八角形柱是从天龙山北齐窟檐至敦煌唐代窟檐中广为使用的柱型，第一次在木构殿堂中得以见到。从南禅寺大殿大于斗底的皿板，到玉皇庙前殿与柱头等尺的皿板，还有玉皇庙前殿、碧云寺正殿的"皿斗"，使得皿板的消失过程清晰可见。此外，流行于宋、金的面身起棱的昂和昂嘴斫尖的做法，连同斜面的令栱，同时出现在新发现的两座五代建筑上，是其时已有还是后世更添，或者是新的手法多由民间发生，这些也为研究工作增加了新的课题。总之，布村玉皇庙前殿和小张村碧云寺正殿的发现，为唐、五代建筑的研究添加了新的实例，确实难能可贵。

由于长治市文物旅游局阎广局长的信任和厚爱，笔者有幸作为山西省古建筑保护研究所承担的此项调查的负责人，并在调查过程中有幸发现了布村玉皇庙前殿和小张村碧云寺正殿。经过初步的研究与分析，将其断定为五代遗构。为此，仅就所学所得编撰成此拙著，权作引玉之砖，供学界贬赏。

注　释

[1] 梁思成《记五台山佛光寺的建筑》，《文物参考资料》1953年第5、6期。

[2] 陈明达《山西——中国古代建筑的宝库》，《文物参考资料》1954年第11期。

[3] 柴泽俊《三十年来山西古建筑及其附属文物调查纪略》，《文物资料丛刊》第4辑，文物出版社1981年版。

[4] 梁思成《正定调查纪略》所载"钟楼三间正方形，上层外部为后世重修，但内部下层的雄大斗栱，若说它是唐构，我也不能否认"。此文刊载于《中国营造学社汇刊》第四卷第二期。

调查 篇

INVESTIGATION

一　长子县布村玉皇庙前殿建筑初考

（一）概　况

布村在长子县城东南，距县城 13 公里。"南望慈林，北环丹水"，著名的法兴寺在北魏时期始建于村后的慈林山坳。据法兴寺内宋代碑刻记载，此村原名为"正法"村，明、清时改为"佈村"，今名布村。据玉皇庙民国十四年（公元 1925 年）《修缮各庙□记》碑所载，村中除玉皇庙外，还有古佛寺、关帝庙、土地祠、太极庵和祖师阁，此外尚有"村东南隅佛庙一所、山神庙一所、龙王庙二所"，足见布村旧时各类宗教祭祀活动颇为繁盛。据清光绪八年（公元 1882 年）的《长子县志》记载，自唐以后县境广建道观，首推玉皇，教事极为兴盛。每年玉皇圣诞，各观、庙、宫、院都要举行盛大而隆重的祭祀活动，道乐歌舞"场面宏大"。延至明、清，盛典不衰。

玉皇庙建于村北端的台地上，坐北朝南，为三进院落。中轴线的二进院落由山门、献厅（已毁）、前殿和后殿构成，两侧附有配殿、厢房和夹屋。庙西于民国年间另建一院，正房与后殿相连，西侧增建了厢房。一进院落至献厅被村民占据作为住房，在献厅前檐砌以高墙，因此进庙要从西院穿过。现存建筑惟前后两座大殿是早期遗构，余皆清至民国遗物。

后殿外观改造较大，屋顶将悬山改为硬山，封闭了前窗，门的原形已无法看出。前檐口多处坍塌，后檐已塌顶，梁架裸露。前檐墙砌至阑额，后檐墙砌至椽底，两面山墙封顶，檐柱和普拍枋情况都无法看到。该殿面阔三间，进深四椽，三椽栿对后乳栿用三柱。殿内后槽设内柱两根，柱头施以大斗，大斗上十字相交之栱承负梁栿。乳栿上置蜀柱、剳牵承下平榑。前槽梁栿上置大斗、实拍栱、替木承下平榑。栿背前后设蜀柱、合㭼，柱上置大斗承其梁栿，大斗纵向出令栱、替木承上平榑。平梁正中由侏儒柱、合㭼、叉手承脊榑，丁华抹颏栱设于叉手上（疑为后世替改）。

前檐斗栱五铺作，单抄单下昂，为重栱计心造，昂和耍头被截短，里转五铺作双抄偷心造，楂头压于跳头之上（耍头尾）。后檐斗栱里转仅露出楂头木，铺作做法不能探明。

从该殿结构形制和工艺手法看，当属金代遗构。其特征表现如下：一、从结构方面而言，（1）栿下使用连续的三个楂头，用以强化梁栿的结点受力，缩小净跨荷重，减弱各结点剪力。这是晋东南一带宋代开始出现而流行于金、元两代的结构方式。（2）叉手叉于脊槫下攀间枋的两侧。这是宋和金初的做法。金中叶以后，叉手位置开始上移，至元代晚期捧于脊槫两侧。（3）后檐使用斗栱，是长治地区金代和以前的建筑特征之一。入元以后，除大型或高等级建筑外，后檐较少使用斗栱。二、从工艺做法方面而言，虽使用了自然弯材，但所有梁栿、剳牵均对两颊进行了加工。这一做法在元以后较为少见。昂嘴和耍头被截去无法论识。昂下真华头子刻作两瓣，是当地金代早期的做法。其他方面如面阔与柱高、斗栱与柱高、檐出与柱高等比例关系以及用材与举架等诸多特征，都反映出该殿当是宋、金做法，手法更近于金代。综上所述，将此殿定为金代遗构是确切而有据的（图一）。

前殿为单檐歇山式屋顶，用灰陶筒板瓦覆盖，檐出深远。黄绿琉璃脊兽剪边，脊和吻兽都已残缺不全。殿身面阔三间，台基甚矮，柱础图案古朴，前檐正八角形石柱四根，内柱两根设于后槽与檐柱等高，后檐和两山柱皆包入墙内。柱头仅施阑额至转角处而阑额不出头，无普拍枋，有明显的侧脚，生起约及 1.5%。斗栱铺作皆偷心造，用材比例较大，二跳华栱由三椽栿、乳栿、丁栿延伸至檐外做成栱头，形制甚古。斗颇很深，斛颐之高多超过平高之倍，栱眼浅且平直，亦有无栱眼之栱。梁栿除平梁外均做月梁式，梁底不

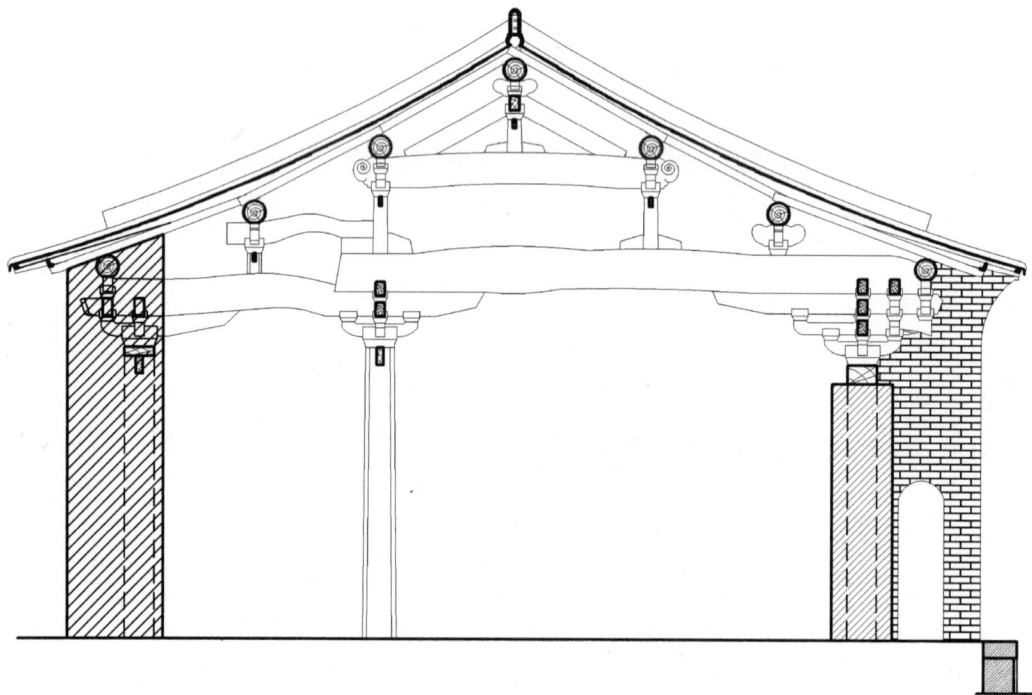

图一　长子县布村玉皇庙后殿横剖面图

入颛。三椽栿与乳栿对接，与平梁间以驼峰相承，并施以托角。脊部侏儒柱下施驼峰，未置丁华抹颏栱，叉手位置较低，叉于令栱（隐刻）两侧。无论是结构形制和工艺做法都较多地表现出唐、五代建筑的特征，而且与当地宋、金建筑有较大的差异。因此，我们初步判定该殿为唐末至五代时期的建筑遗构。

在勘察和初步断代的基础上，征得长治市文物旅游局阎广局长同意后，长子县文物局李书勤先生和牛振洲先生参与了测绘工作。在取得相关实测数据后，根据前殿的结构形制和工艺做法，比照现存唐、五代实例，对玉皇庙前殿现存结构、形制、细节和时代等特征进行了初步分析和探究。

（二）结构特征分析

1. 台基

台基面阔、进深各三间，通面阔 808 厘米，通进深 680 厘米，平面接近正方形。台基高 64 厘米，用三层沙岩料石叠筑。其形制为简单须弥座样式，素面无饰，古朴简洁。压阑石和基座（土衬石）的上下边棱为圆和状的混棱造做法，四角施以角柱石，腰身中间以小立柱（隔身版柱）隔身分格，极具早期风格。须弥座是随佛教引入中国的，初时多用于塔座与佛座。从早期的实例反映，多为平直边棱叠涩而出，如在云冈第 5 窟的塔座上就可以看到上下圆和的这种简单须弥座（图二）。从该殿台基的高度和简单须弥座的形制来分析，可以认定它是早期的作品[1]。

后代在增设献厅（抱厦）时，将台基前檐部分改造加宽，并与献厅月台台明连通，形成前大后小的"凸"形平面。殿内地面铺墁都已损毁。

2. 柱网与柱础

殿柱由 12 根檐柱和两根内柱组成。内柱设于后槽，与两山柱对称。前檐和内柱柱础都为沙岩石材质，饰以莲瓣图案。后檐柱、山柱包于墙内，使用不规则方形素面础石。前檐和内柱础石为覆盆式，雕饰采用压地隐起做法。其图案有三种形式：Ⅰ型，浅雕覆莲瓣，图案圆润饱满，风格应为宋以前样式，风化较为严重。Ⅱ型，形状与Ⅰ型差异较大，立面边缘卷杀很小，覆盆弧弯很小，使覆盆形成平、立两个面。平面上浅雕两层莲瓣，两小莲瓣压一大莲瓣。立面浅雕团花纹图案，风格样式甚古。Ⅲ型，形制与Ⅱ型相同，平面浅雕大莲瓣一层，立面浅雕瓜棱柱纹。后两种形制、图案古拙，莲瓣、团花纹、瓜棱柱纹极类南北朝或唐初图案纹饰（图三），与唐、宋流行的宝装莲花纹样和覆盆式莲花纹样差异较大，样式独特，后世较少见到[2]。墙内柱下以自然石料为柱础石，与五台南禅寺大殿做法相同。

3. 柱额

永靖炳灵寺石窟唐代第3窟中心塔须弥座

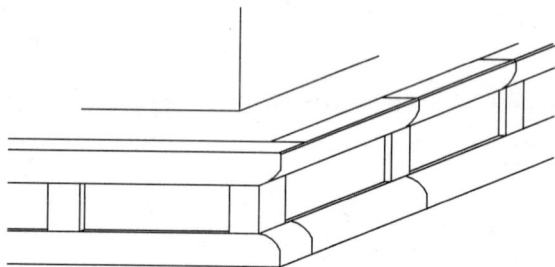

长子五代玉皇庙前殿须弥座

大同云冈石窟北魏第5窟五重塔须弥座

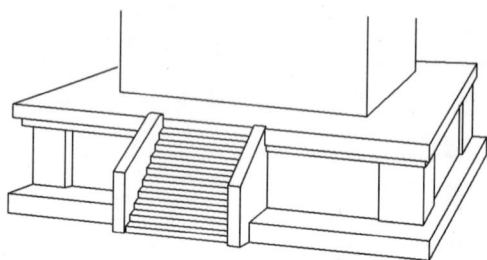

图二　早期须弥座示意图

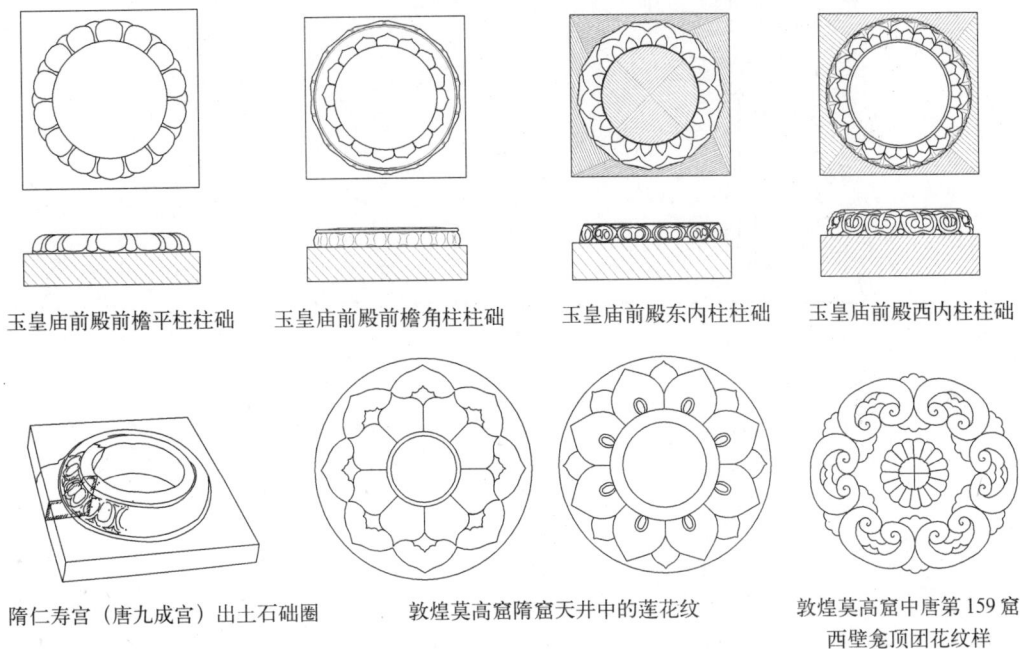

玉皇庙前殿前檐平柱柱础　　玉皇庙前殿前檐角柱柱础　　玉皇庙前殿东内柱柱础　　玉皇庙前殿西内柱柱础

隋仁寿宫（唐九成宫）出土石础圈　　敦煌莫高窟隋窟天井中的莲花纹　　敦煌莫高窟中唐第159窟
西壁龛顶团花纹样

图三　隋、唐、五代柱础示意图

（1）柱。大殿共用14根柱，均为沙岩石材质。前檐正八角形柱略有内颐，无装饰图案，仅以斜直斫纹为饰（类似席纹做法），制作精工，纹饰粗犷。方形、八角形石柱唐代多有使用。长治地区石柱做法虽一直沿用至清，但多为方形混棱和圆形柱，或方形抹角柱，或小八角形柱，正八角形内颐者仅此一例。八角形柱是汉至唐的早期流行柱式，从天龙山北齐窟檐到敦煌唐代窟檐都有实物表现（图四、五）。内柱两根设于后槽，上置大斗施十字相交斗栱，纵横出跳以承梁栿结点。沙石内柱方形混棱造，柱径22厘米，础径47厘米，相去甚远，显然是后世抽换。后檐、两山的八根墙内柱，均为方形石质，边长29厘米左右，加工不甚规则，其中有两例方形抹棱者加工精细。该殿内柱与檐柱等高，是唐代内外柱做法的惯例[3]。

（2）额。前殿不用普拍枋，栌斗直接坐在柱头上，阑额至转角处不出头，显然是唐代制度。额枋高18厘米，厚6厘米，与晚唐平顺天台庵弥陀殿形制尺度非常接近。前檐阑额均已被截去，残留榫洞，在榫洞下5厘米处亦有高16厘米、宽8厘米的榫洞，疑为重楣做法。重楣之制为唐初做法，实物"只在敦煌第196、427、431、437窟晚唐及北宋木构窟檐中见到"[4]。一般认为宋初窟檐能够反映唐代建筑的某些特征，是由于地处偏远，古制犹存之故。浙江余姚保国寺大殿（建于公元1013年）于"山面、二、三间、后檐用两层阑额，沿用了唐以来古法"[5]。该殿阑额榫洞与下额榫洞两者间仅有5厘米的间隙。从敦煌窟檐的实物和唐初壁画的表现来看，重楣间距均大于此。不过，西安东郊唐代

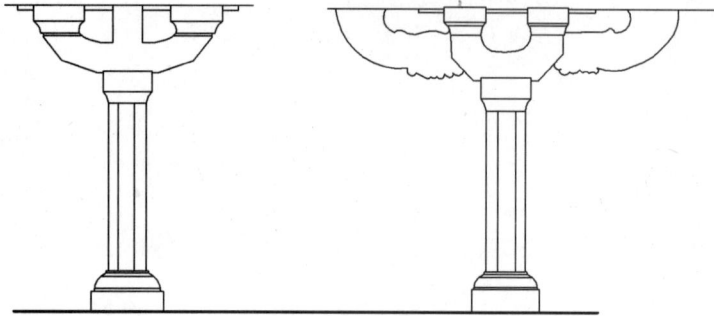

沂南画像石墓（汉代）

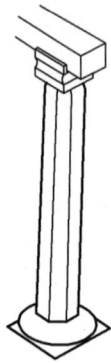

大同宋绍祖墓（北魏）

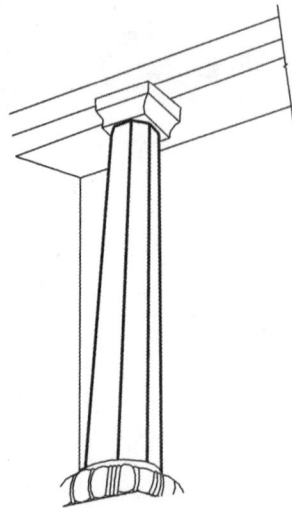

天龙山第 16 窟（北齐）

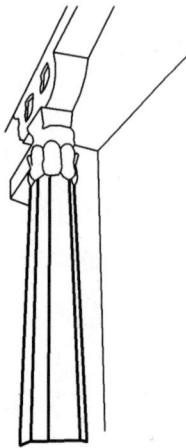

天龙山第 10 窟（北齐）

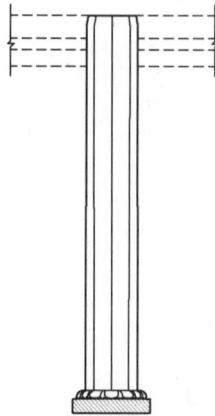

长子玉皇庙前殿（五代）

图四　汉至五代八角形柱示意图

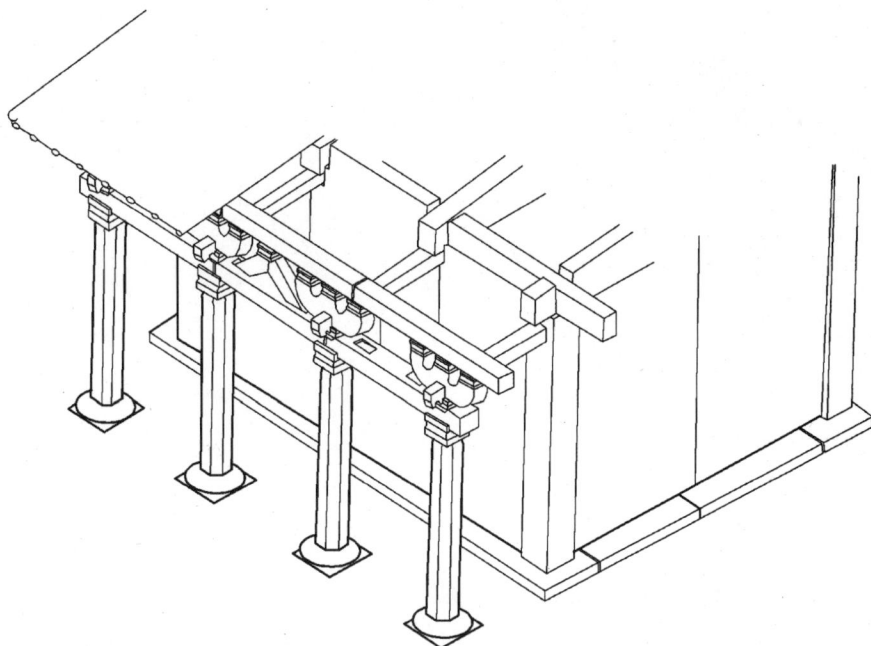

大同宋绍祖墓（北魏）

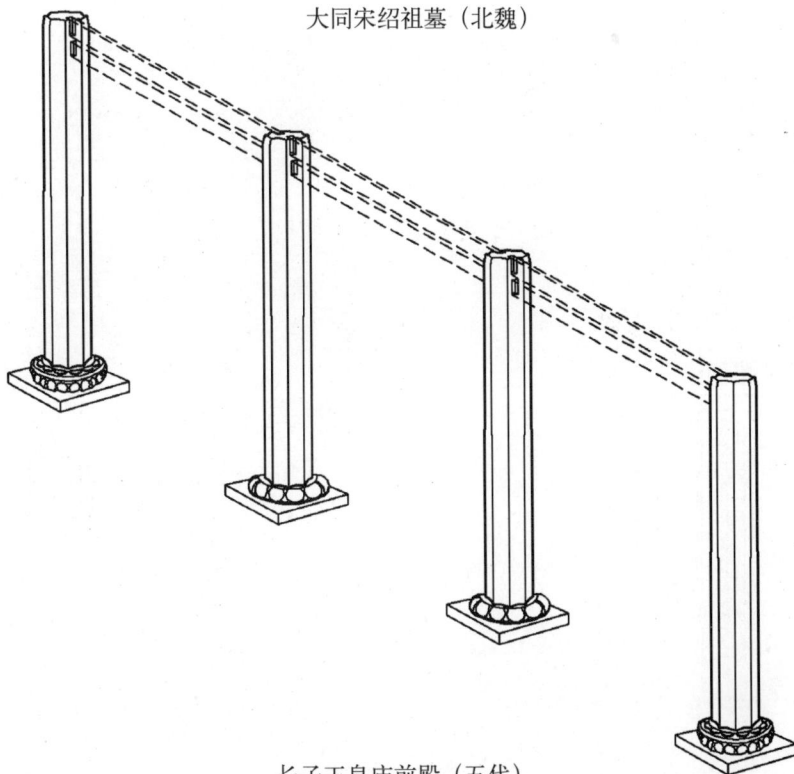

长子玉皇庙前殿（五代）

图五　北魏至五代八角形廊柱示意图

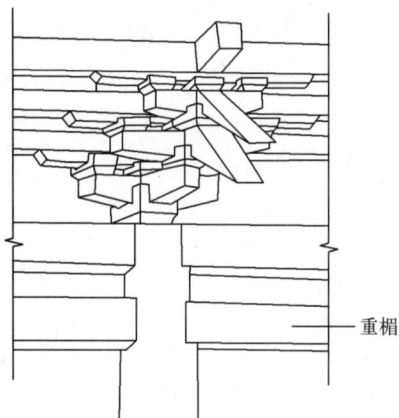

敦煌石窟晚唐第 85 窟

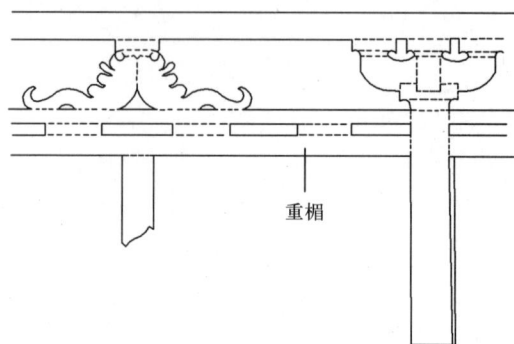

西安东郊唐墓壁画

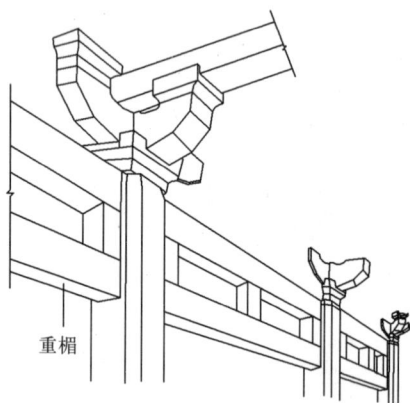

敦煌石窟晚唐第 431 窟窟檐

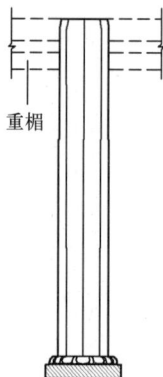

长子玉皇庙前殿（五代）

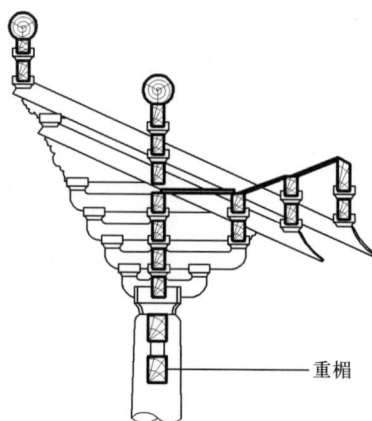

宁波保国寺大殿（宋）

图六　唐至宋初重楣示意图

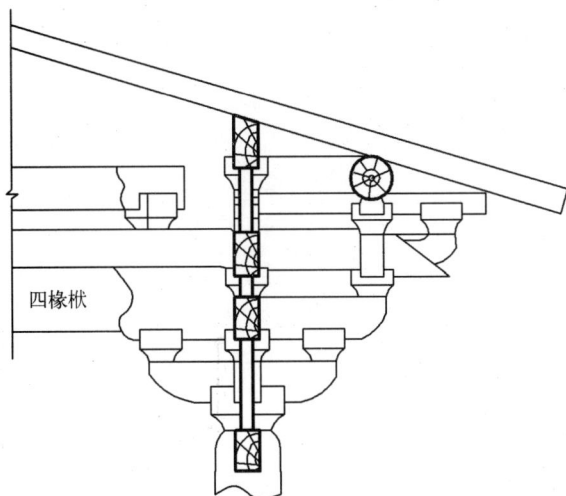

五台南禅寺大殿前檐（唐）

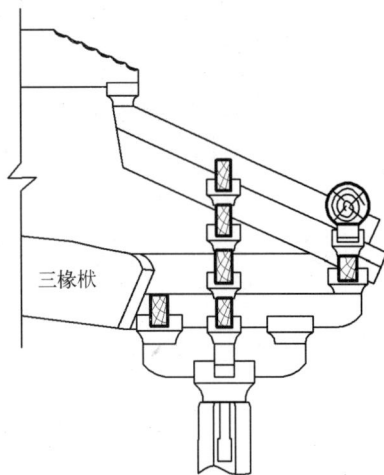

长子玉皇庙前殿前檐（五代）

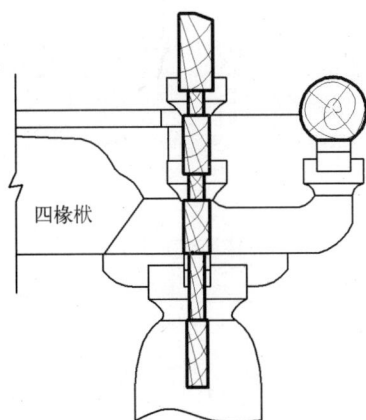

平顺龙门寺西配殿前檐（五代）

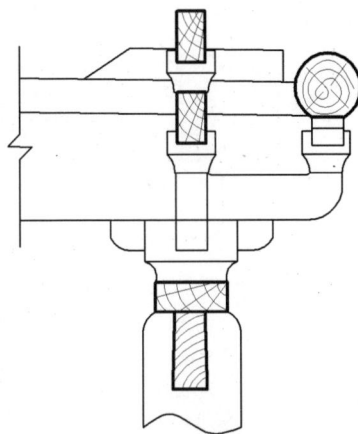

大同华严寺海会殿前檐（辽）

图七　唐、五代、辽栱拱示意图

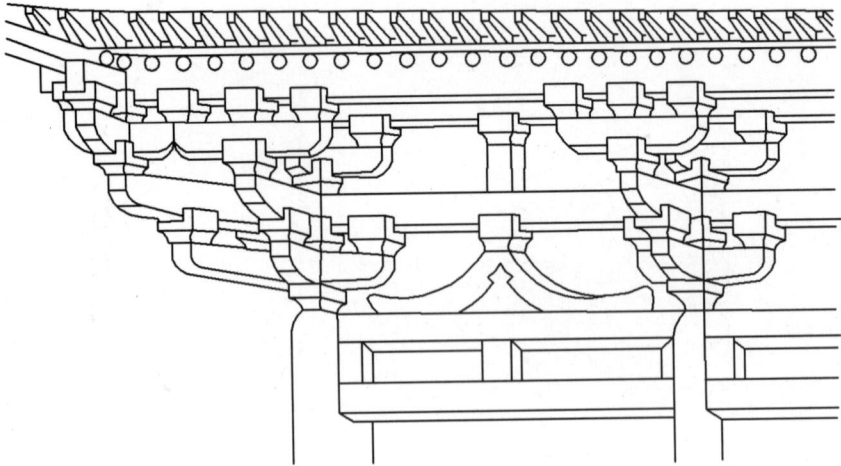

西安大雁塔门楣石刻（唐）

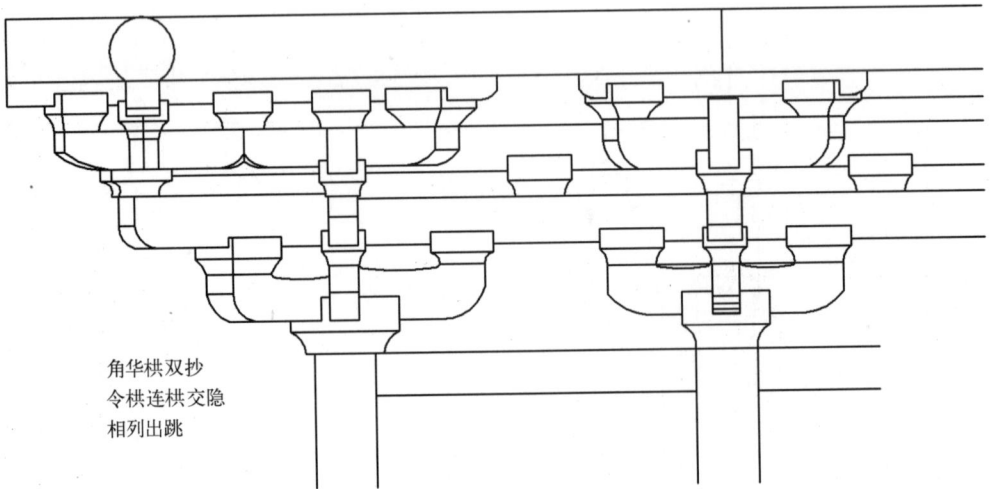

角华棋双抄
令棋连棋交隐
相列出跳

长子玉皇庙前殿后檐（五代）

图八　唐、五代转角斗棋示意图

壁画墓反映出较小的间距[6]。此处是否为重楣做法，具体则今后待考（图六）。

4. 斗栱

该殿只在柱头上施斗栱，无补间斗栱之设。用于梁架上攀间的斗栱仅有令栱。柱头斗栱按位置分为前檐、转角、两山、后檐和内柱斗栱。其结构均属偷心造。

（1）前檐斗栱。外转五铺作双抄，里转四铺作华栱一跳承三椽栿。外檐二跳华栱为三椽栿的延长伸至檐外制成，于端部卷头作华栱头状。此法仅见于唐代的五台南禅寺大殿和芮城广仁王庙正殿。晚唐的平顺天台庵弥陀殿、五代的平顺龙门寺西配殿和辽代的大同华严寺海会殿为梁栿伸出作斗口跳，皆属同类构造。五代、辽以后，这种结构方式在山西已经绝迹。惟兹殿依旧，唐式做法无疑（图七）。

二跳华栱上不施令栱，以通间的枋材连通，其间隐刻栱形，至转角处与山面枋材搭交承撩檐槫。平柱斗栱二跳华栱上与令栱（枋）相交，其上撩檐槫下与替木相交出两层昂式耍头，外端搭在齐心斗上以承檐槫，腰间以柱头枋为支点，后尾挑于平梁之下。这是一种犹如下昂之制（不出跳）的耍头，起着很重要的杠杆作用。此构形制甚古，极为罕见，与日本飞鸟时代檐下斜梁结构类似，是山西唐、宋遗构中的孤例。

（2）后檐斗栱。外转五铺作双抄，形制结构与前檐斗栱大体一致。其乳栿伸出檐外做二跳华栱，撩檐槫下施有替木和令栱，令栱看面砍斜，栱眼处平直，檐柱正心泥道栱上施素枋三道。里转四铺作，有华栱一跳上承乳栿，耍头平置於乳栿上再向前与令栱搭交，耍头被锯短，尾部交于柱头枋处，出蚂蚱头。

（3）山面斗栱。外转五铺作，形制与檐部斗栱相同。其丁栿伸出檐外做成二跳华栱，前槽丁栿斜置于平梁上，耍头批竹式前与令栱相交，斜置于丁栿背，尾交于柱头枋间。后槽丁栿平置，耍头亦平置栿背之上，尾部向内伸过柱头枋，端头斜向砍杀，压于山面承出际平梁的夹际柱子之下，犹如丁栿的缴背。里转四铺作，一跳华栱承负丁栿。

（4）内柱斗栱。内柱与檐柱等高，柱头上施大斗，斗栱纵横十字出跳。华栱前承三椽栿，后承乳栿。泥道栱出跳外承丁栿，内承攀间枋。

（5）转角斗栱。外转五铺作双抄，正侧身华栱二跳由柱头枋延长做卷头（泥道栱与华栱相列），45°出两跳角华栱，里转三跳角华栱承大角梁，结构简洁，形制古朴。其形制与西安大雁塔门楣初唐石刻大殿转角斗栱的做法近同（图八）。

5. 梁架

（1）梁栿结构。此殿为四架椽屋厦两头造结构，即三椽栿对后乳栿通檐用三柱，彻上露明造。栿上施捆瓣驼峰，其上再施大斗，平梁自斗口向外出头，横栱出跳承替木托平槫。平梁中设驼峰、侏儒柱，柱间顺脊串连络四根侏儒柱，柱头置斗出攀间四缝连通隐出令栱，栱上设小斗承替木、脊槫，两侧置叉手，无丁华抹颏栱之设。现存唐、五代的三间歇山顶建筑有四座，惟平顺大云院弥陀殿为通檐用三柱。该殿结构形制与大云院弥陀殿有

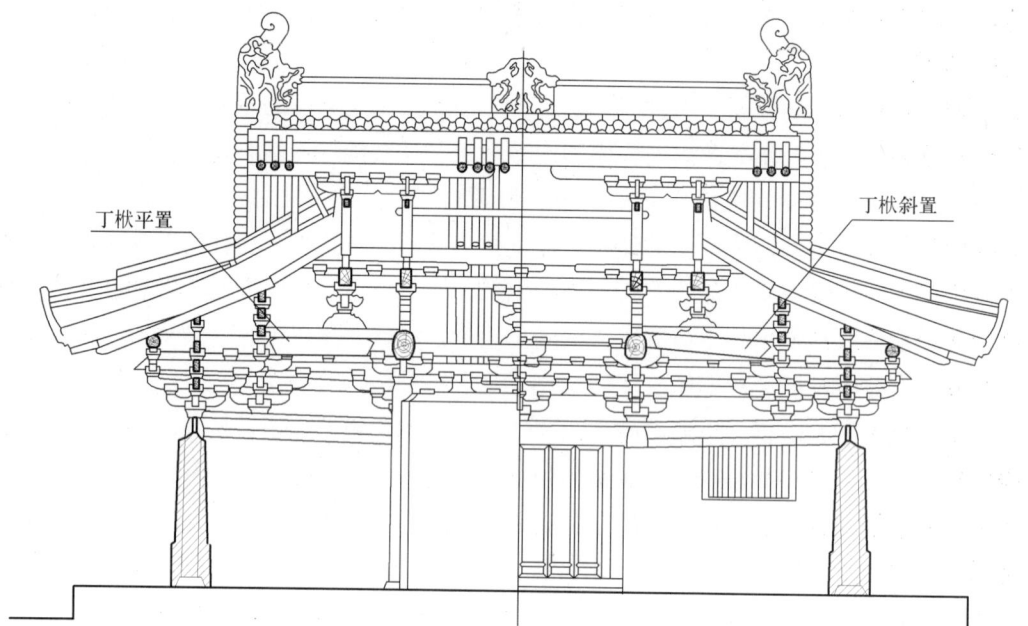

图九　平顺县大云院弥陀殿纵剖面图

丁栿平置

丁栿斜置

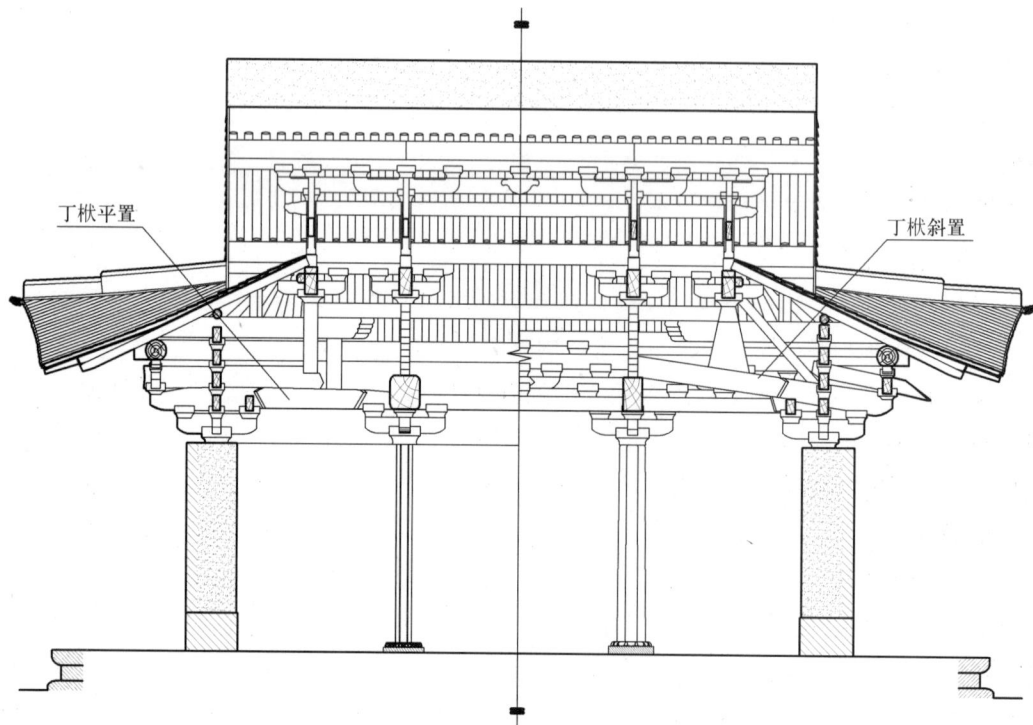

丁栿平置

丁栿斜置

图一〇　长子县玉皇庙前殿纵剖面图

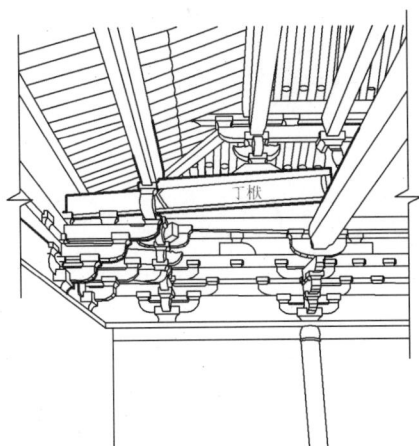

大云院弥陀殿前槽丁栿斜置　　　　　玉皇庙前殿前槽丁栿斜置

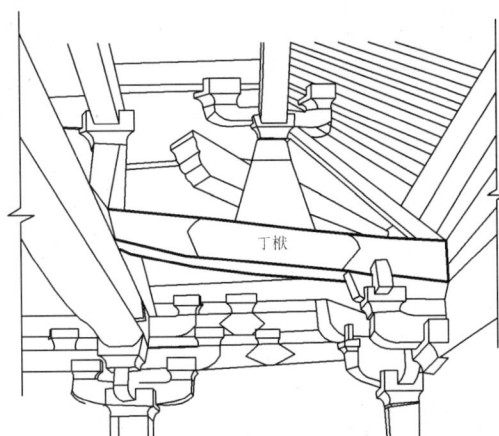

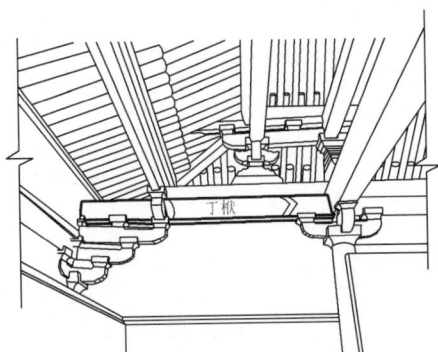

大云院弥陀殿后槽丁栿平置　　　　　玉皇庙前殿后槽丁栿平置

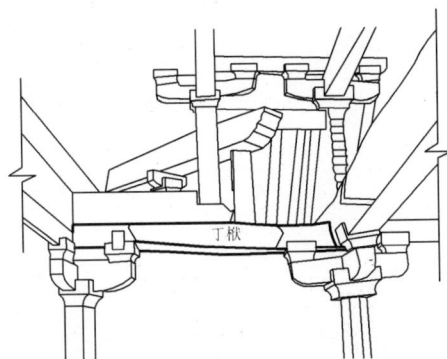

图一一　五代丁栿做法示意图

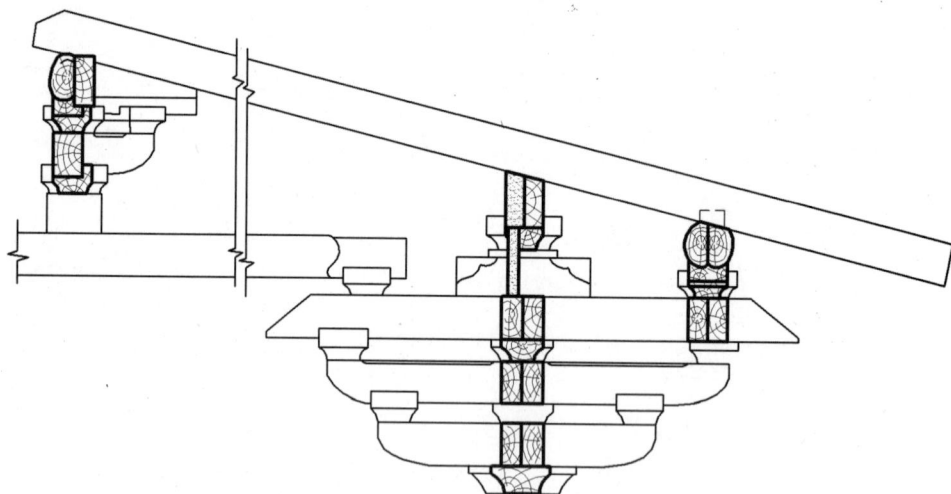

五台南禅寺大殿角梁（唐）

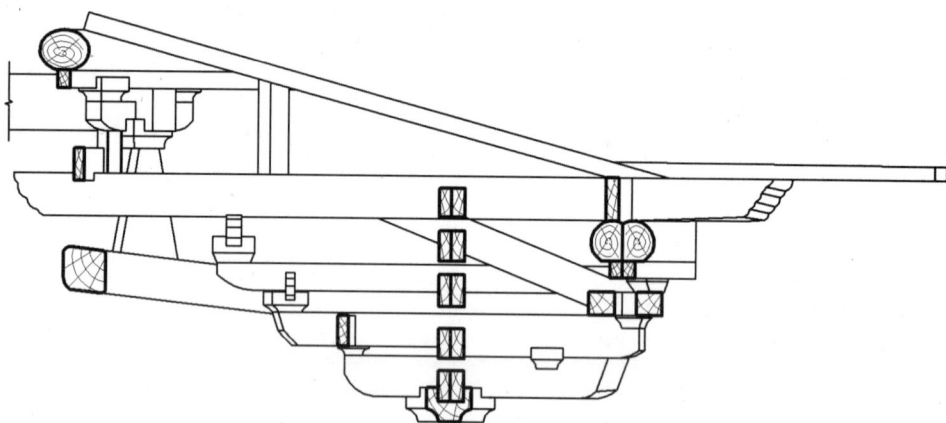

长子玉皇庙前殿角梁（五代）

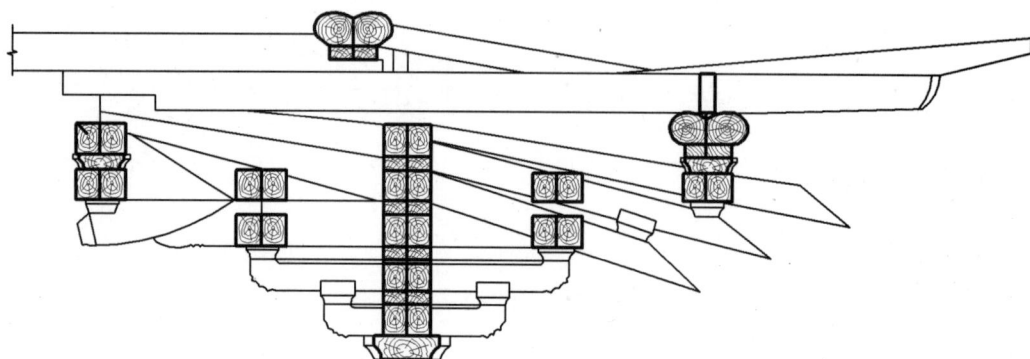

高平崇明寺中佛殿角梁（宋）

图一二　唐、五代、宋翼角结构示意图

五台南禅寺大殿（唐）

平遥镇国寺万佛殿（五代）

长子玉皇庙前殿（五代）

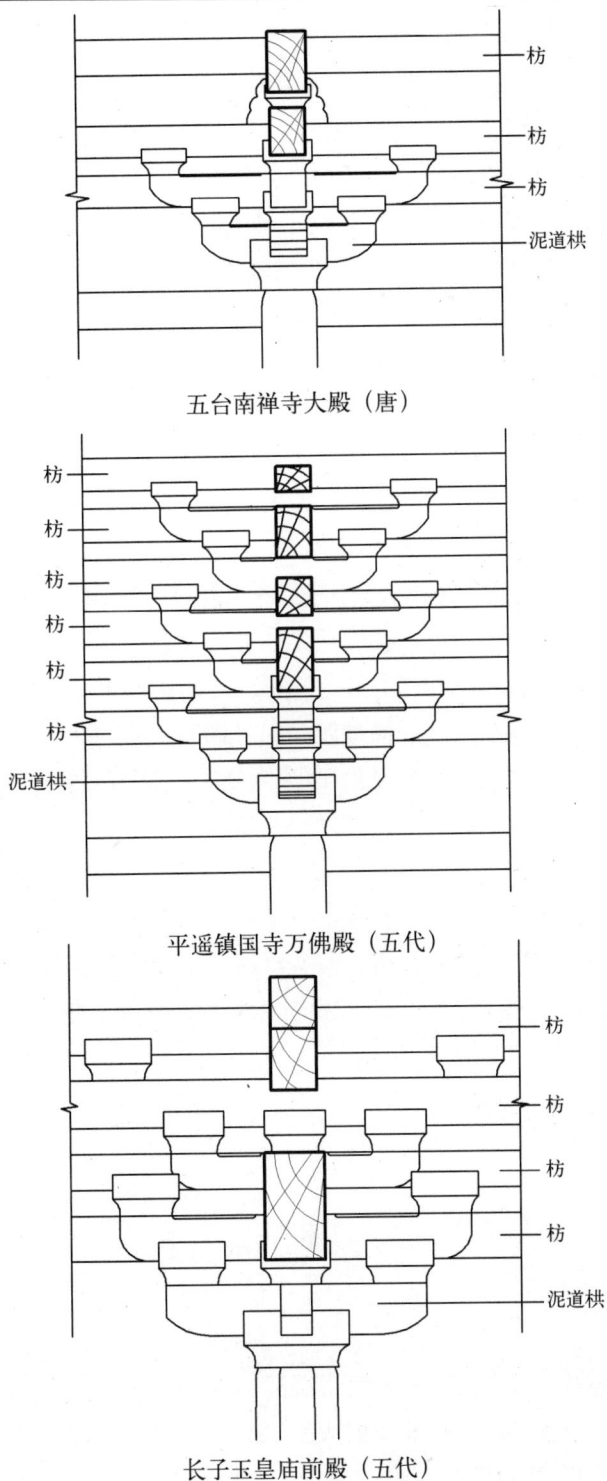

图一三　唐、五代扶壁栱结构示意图

诸多共同的表现（图九、一〇）。例如，不设丁华抹颏栱，侏儒柱下驼峰以矩形小木块隐刻（龙门寺西配殿亦同），四椽栿对乳栿，栿与平梁间用掐瓣驼峰隔架等。值得注意的是，四椽栿与平梁间设驼峰，上置大斗承平梁。这种做法与唐建五台南禅寺大殿、芮城广仁王庙正殿和五代平顺龙门寺西配殿、平顺大云院弥陀殿的做法一致，是山西唐至五代建筑固有的特征。该殿驼峰偏高，长（宽）度不足，疑是金代修葺时更制。

（2）丁栿做法。该殿丁栿头部延长于斗栱外制成二跳华栱，尾部搭交于栿上。前槽丁栿尾部斜搭于四椽栿上交于驼峰，栿背上置梯形驼峰与大斗承出际的平梁；后槽丁栿平置，尾部与三椽栿、乳栿结点相交，由内柱泥道栱承托，栿背上立短柱（夹际柱子）承山面出际平梁。平顺大云院弥陀殿亦是前槽丁栿斜置，尾搭于栿上与驼峰相交；后槽丁栿平置，尾交于四椽栿与乳栿结点。这与该殿丁栿做法完全相同。丁栿伸出檐外制成华栱的做法无疑是古制，显然早于平顺大云院弥陀殿的做法（图一一）。

（3）翼角结构。翼角采用了角梁平置做法，大角梁前端压于正侧檐槫交接处，与撩檐槫交点呈45°平直放置，腰身与柱头枋交接，尾部由三层角华栱承挑。隐角梁尾端搭于平槫交点位置，前端压于仔角梁下，在隐角梁和大角梁腰间置蜀柱，大角梁尾部由丁栿上设短柱承负，上由夹际柱子与驼峰间顺脊串扣压。比照山西唐、五代和宋式角梁结构，此殿翼角结构具有明显的由唐至宋演变的过渡趋向（图一二）。

（4）扶壁栱结构。柱头缝泥道栱上施四道素枋，后檐施三道素枋并隐刻慢栱，以小斗间隔。这与南禅寺大殿、镇国寺万佛殿做法一致，是唐中期以后扶壁栱结构的普遍做法（图一三）。

6. 瓦顶

经历代修葺改造，原状已失去大半，留有清康熙年间修葺的题记为证。两山花处保留了瓦条垒脊的做法，保存还算完整，至少还是元代以前做法。有长达65厘米的青棍筒瓦遗存。此瓦较宋《营造法式》规定的最长1.4尺（约45厘米）[7]还长20厘米，当是五代遗物。

（三）形制特征分析

1. 材分

在整理实测数据时，发现该殿材分使用混乱。栱高在15~21厘米之间，最高22.5厘米。宽12~15厘米，最宽达24厘米（栿头）。枋材高15~21厘米，宽9.5~11.5厘米。与其他遗构比较，对照已有研究成果，枋材与平顺天台庵弥陀殿用材接近[8]，栱的高宽与平顺大云院弥陀殿相仿[9]。栱、枋模数有显著差异，显示出使用两种模数体系的趋向。

2. 尺度

建筑各部位的尺度决定建筑的高矮宽深曲直举折，是审美观念和科技水平的具体体现，因而具有显著的文化气息和时代特征。建筑各个部位和各种构件的比例关系更是判定建筑物年代的重要依据。

（1）柱径与柱高。在唐代墓室壁画中所反映的柱子都显瘦高，与现存唐代遗构有较大的差异。该殿前檐柱四根，柱高253.5厘米（净高），角柱生起3.5厘米是加垫皿板之故。平柱柱径38厘米，角柱柱径35厘米，与柱高之比分别为1∶6.67和1∶7.24，与同期遗构比较，显然粗壮很多[10]。一般认为柱径与柱高之比自唐至清"是由粗向细逐渐变化着"。该殿柱子甚为粗壮，在现存唐、五代遗物中是径高比最粗的，与汉代石墓中柱子的比例相仿，与大同北魏宋绍祖墓石椁前廊八角形石柱的径高比（1∶6.58）非常接近[11]，具有显著的早期八角形柱的比例特征。

（2）斗栱高与柱高。早期建筑斗栱因承挑深远翼出的屋檐，因此斗栱立面较高。其与柱高的比例，亦是随时代的早晚由高渐次降低。"唐及辽初多为百分之四十至百分之五十，因此用斗栱的大小来鉴定建筑物的年代也是很常用的依据之一"[12]。该殿前檐高度自栌斗底至撩檐槫上皮高136.5厘米，是柱高的54%。这一比例在唐、五代现存的五铺作斗栱中为最高，如五台南禅寺大殿1∶0.41、芮城广仁王庙正殿1∶0.33、平顺大云院弥陀殿1∶0.51。

（3）柱高与檐出。早期建筑大多出檐深远。其时代的变化，亦有由早至晚递次减短的规律[13]。该殿檐出总长（出跳＋椽长＋飞出）227厘米，与山西几座唐、五代建筑相比居中，但柱高与檐出之比最大。这使斗栱不堪重负而向前倾斜，不得不在华栱下加施柱子支撑。其柱高与出檐之比为1∶0.90，超出镇国寺万佛殿（1∶0.86）和大云院弥陀殿（1∶0.81）。

（4）台基高度。山西现存几座唐、五代建筑的台基最高为135厘米，最低为24厘米，反映出这一时期台基较低矮的特征。该殿台基高64厘米，属较低者。

（5）平面尺度。自唐至宋初，小型建筑平面多为方形。几座唐、五代建筑中除了天台庵弥陀殿为方形，其余皆略近方形。该殿阔深之比为1∶0.84，与五台南禅寺大殿（1∶0.85）、平顺大云院弥陀殿（1∶0.86）接近。

（6）屋顶坡度。梁架的高低是以举折来衡量的，早期平缓，后来逐渐升高，总的发展趋势是由平缓向陡峻变化，时代越晚越陡峻。现存唐、五代建筑屋顶坡度除了南禅寺大殿和佛光寺东大殿特别平缓，其余分别在0.48～0.56之间。该殿为0.63相对较为陡峻，不排除后代改动的可能。平梁下和丁栿上驼峰立面甚高，其轮廓具有金代风格，疑为金代更制，致使梁架举架增高，折度减小，形成今日格局[14]。

（7）出际。该殿出际尺寸为112.5厘米，与几座唐、五代建筑的出际相比较，除了大云院弥陀殿特别大，与另外几座的尺寸都比较接近（参见下表）。

唐、五代建筑尺度模数比较表

单位：厘米

名称	时代	开间	柱径∶柱高	柱高∶斗栱高	柱高∶出檐	台基高	平面尺寸	坡度	出际
南禅寺大殿	唐	3	40∶382 1∶9.55	382∶157 1∶0.41	382∶234 1∶0.61	110	1175∶1000 1∶0.85	0.39	118
广仁王庙大殿	唐	5	28∶288 1∶10.29	288∶94 1∶0.33	288∶202 1∶0.70	135	——	0.56	78.5
天台庵弥陀殿	唐	3	28∶242 1∶8.64	242∶70 1∶0.29	242∶174 1∶0.72	70	708∶708 1∶1	0.51	89.5
龙门寺西配殿	五代	3	48∶295 1∶6.15	295∶81 1∶0.27	295∶139 1∶0.47	24	——	0.50	93
大云院弥陀殿	五代	3	38∶288 1∶7.58	288∶147 1∶0.51	288∶232 1∶0.81	130.5	1180∶1011 1∶0.86	0.56	178
镇国寺万佛殿	五代	3	46∶342 1∶7.43	342∶185 1∶0.54	342∶294 1∶0.86	37	1157∶1077 1∶0.93	0.53	135
碧云寺正殿	五代	3	○	300∶99.3 1∶0.33	300∶159 1∶0.53	100	1026∶812 1∶0.79	0.57	116.5
玉皇庙前殿	五代	3	38∶253.5 1∶6.67	253.5∶136.5 1∶0.54	253.5∶227 1∶0.90	64	808∶676 1∶0.84	0.63	112.5

注："○"表示情况不明，"——"表示平面呈长方形。

（三）细节特征分析

1. 斗

（1）耳、平、欹。该殿栌斗耳高多为9~10厘米，平高多为3.5~4.5厘米，欹高多为8~11.5厘米。散斗耳高多为5~7厘米，平高多为2~4厘米，欹高4.5~9厘米。从使用情况看，栌斗耳变化较小，在9~10厘米之间，平基本稳定在4.5厘米，欹的高度变化较大。转角栌斗耳高为平之倍，而且耳高大于欹高，其余斗欹高多大于耳高。散斗耳在5.5~7厘米，平多数为2~3.5厘米。欹高差距较大，而且大于耳高。耳欹等高仅一例，为7∶3∶7。山西唐、五代、辽初遗构，欹高都大于耳高。耳高与欹相等者仅大云院弥陀殿一例，其"耳高于欹的作法，不仅与法式相异，就是在早期实例中也是少见的现象"[15]。欹颙之高大于耳之高也是唐、五代的特征之一。

（2）皿板。皿板是用于柱头承负斗底的一块板材，自汉至南北朝皆用之。其实例见于日本奈良法隆寺回廊和我国五台南禅寺大殿。自南禅寺大殿以后，皿板之制在山西已基本消失，然而在该殿后檐西侧平柱斗栱二跳华栱栱头上使用了皿板，宽、深与斗底一致，前檐两角柱柱头上也使用了皿板。南禅寺大殿和日本早期建筑的皿板均大于斗底，而**此殿**

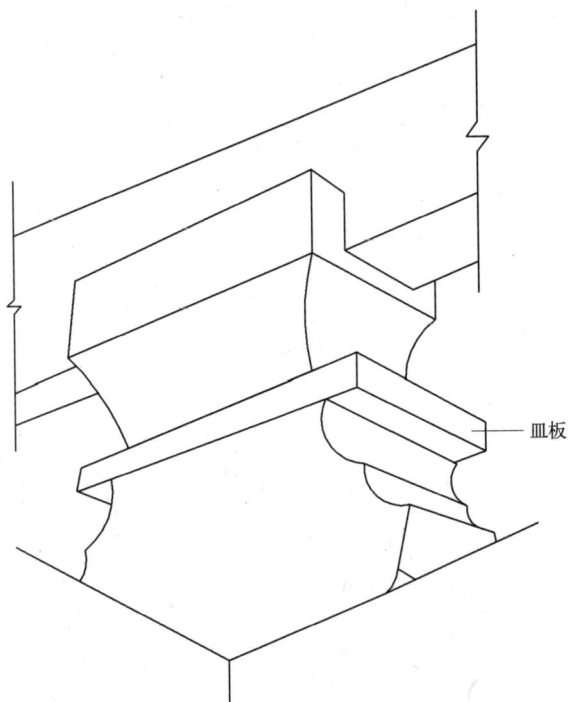

五台南禅寺大殿（唐）

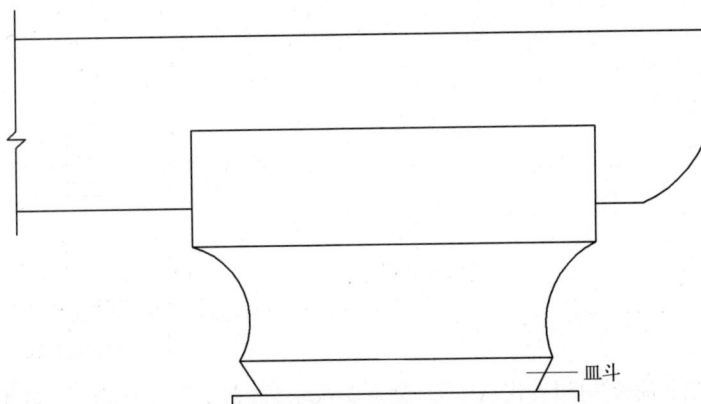

长子玉皇庙前殿（五代）

图一四　唐、五代皿板、皿斗示意图

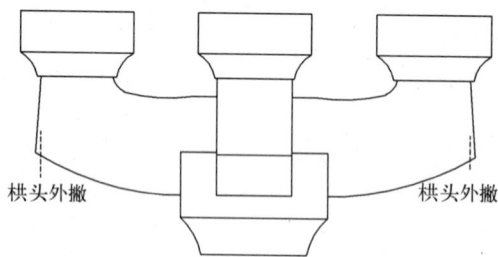

石天禄承盘上斗栱(汉代)

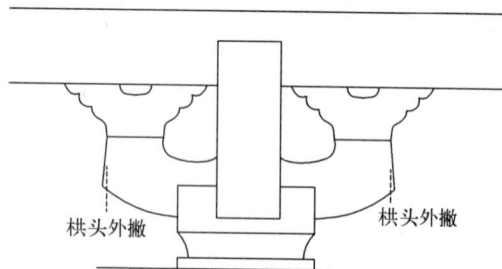

法起寺三重塔三层斗栱(日本奈良·公元706年)

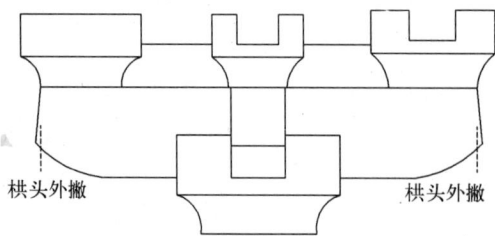

长子玉皇庙前殿斗栱(五代)

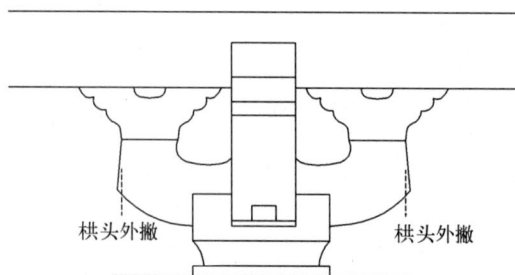

法隆寺五重塔二层斗栱(日本奈良·公元7世纪后期)

图一五　汉、唐栱头外撇示意图

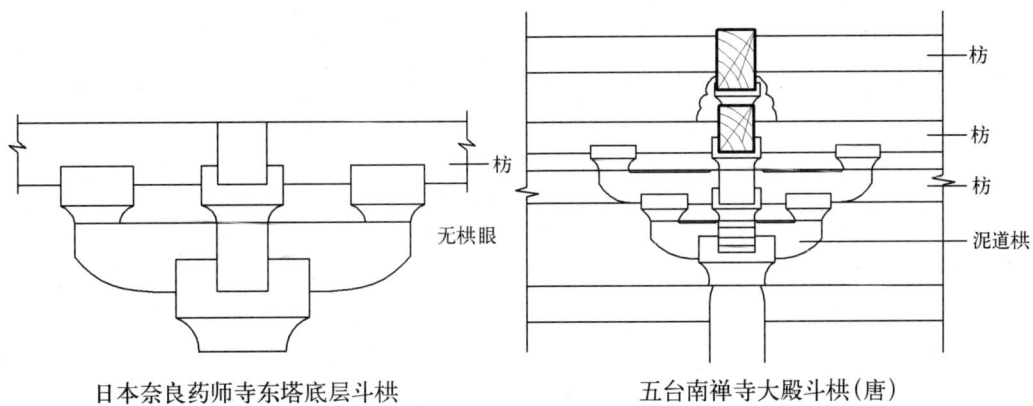

日本奈良药师寺东塔底层斗栱

五台南禅寺大殿斗栱（唐）

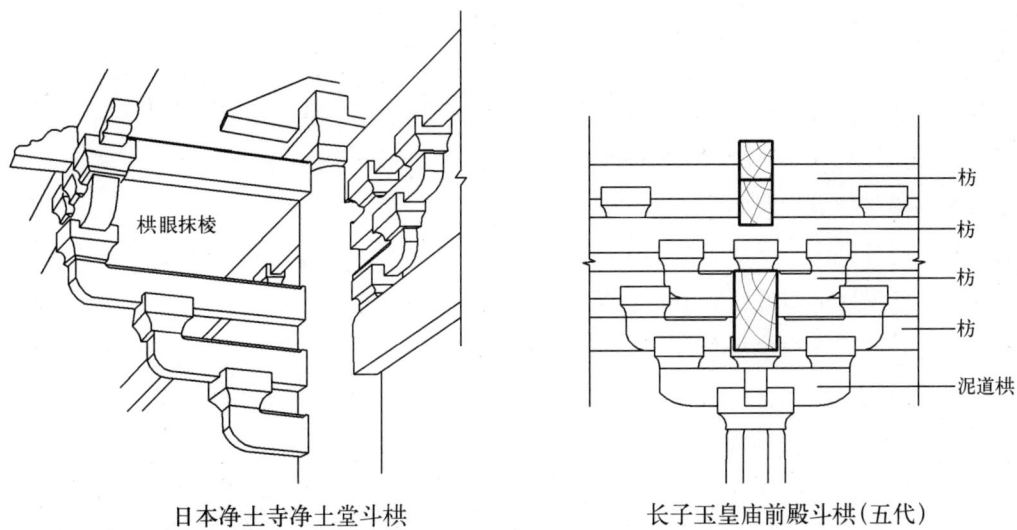

日本净土寺净土堂斗栱

长子玉皇庙前殿斗栱（五代）

图一六　唐、五代栱眼示意图

皿板大小与柱头一致，也制为八角形承垫于斗底。这一做法与北魏和北齐石窟建筑雕刻相仿，当为古制。就是南禅寺大殿亦是在柱头枋上承压槽枋的小斗下施皿板，别无此制。该殿前檐平柱与角柱同高，皿板厚3.5厘米，恰是角柱生起尺度。

（3）皿斗。该殿斗的歃颐较深。大多数斗"歃之曲线向下端突出甚大"。这一做法是山西唐、五代建筑的共性，在晋东南延至宋初不变。值得注意的是东缝平梁上令栱头上散斗"斗之歃底向内斜收，尚存皿板形状"，称之为"皿斗"。皿板做法实例仅见于南禅寺大殿。"皿斗"做法除了福州华林寺大殿（公元964年）等南方早期建筑多有表现[16]，在山西尚属首例，弥足珍贵。此构较早的表现在大同云冈等北朝石窟中有所反映，实例则有日本法隆寺金堂和中门（公元607年）。此"皿斗"的出现表明，在唐、五代时期北方建筑同样有"皿斗"做法（图一四）。

2. 栱

（1）栱长。该殿在后檐和两山后槽华栱头上使用了看面砍斜的令栱。后檐令栱内长106.5厘米，外长93厘米。泥道栱长109厘米，略长于令栱。有学者认为泥道栱略长于令栱是早期做法[17]。大同辽代善化寺大雄宝殿和华严寺薄迦教藏殿的泥道栱均长于令栱，而善化寺金建山门泥道栱长106厘米已小于令栱长122厘米。宋《营造法式》的规定泥道栱长62分也小于令栱长72分。此外，山西唐、五代建筑中镇国寺万佛殿泥道栱长102厘米，令栱长90厘米。大云院弥陀殿泥道栱长169厘米，令栱长85厘米。这些都表现出泥道栱略长于令栱的做法，无疑是五代和辽代建筑的特征之一。

（2）栱头。山西唐、五代、辽及宋代建筑在栱头上均刻卷瓣，有的（如五台山南禅寺大殿、平顺大云院弥陀殿）略有内颐。它们是这一时期斗栱的重要特征之一。该殿栱头不分瓣，而且有0.3~0.5厘米的外撇。此做法在山西自唐至宋尚无先例。同"皿斗"一样，在福州华林寺大殿等南方宋初的栱头上亦无卷瓣，而栱头外撇的做法接近"栱两端的下部，向外鼓出，略如日本法隆寺金堂斗栱"。由此上溯，人们可以在汉式斗栱中觅得其踪迹。此做法的发现使人们对唐代栱头的做法有了新的认识，可以认为此法自汉至唐并未间断。日本法隆寺金堂等建筑的栱头式样与我国汉、唐栱头"外鼓"的做法无疑是一脉相承的（图一五）。

（3）栱眼。该殿栱眼做法较为独特。一种是类似实拍栱做法，栱身上面平直无栱眼，足材栱絜与栱身同宽。在汉式斗栱和日本奈良时代的斗栱中都有此类做法。第二种是在栱眼处轻抹出斜面边棱。福州华林寺大殿、日本"大佛样"式兵库净土寺土堂都是在"栱上棱抹出斜面"[18]。更多的遗存见于南方早期古建筑中。在五台南禅寺大殿、佛光寺东大殿也有无栱眼和栱眼处抹斜边的表现。两种做法都是早期手法的沿袭（图一六）。

3. 替木

唐代建筑大多使用了较长的替木。南禅寺大殿为198厘米，佛光寺东大殿为252厘

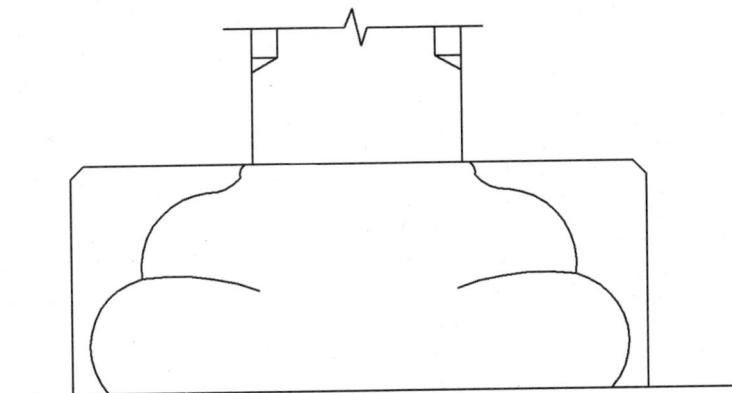

玉皇庙前殿驼峰

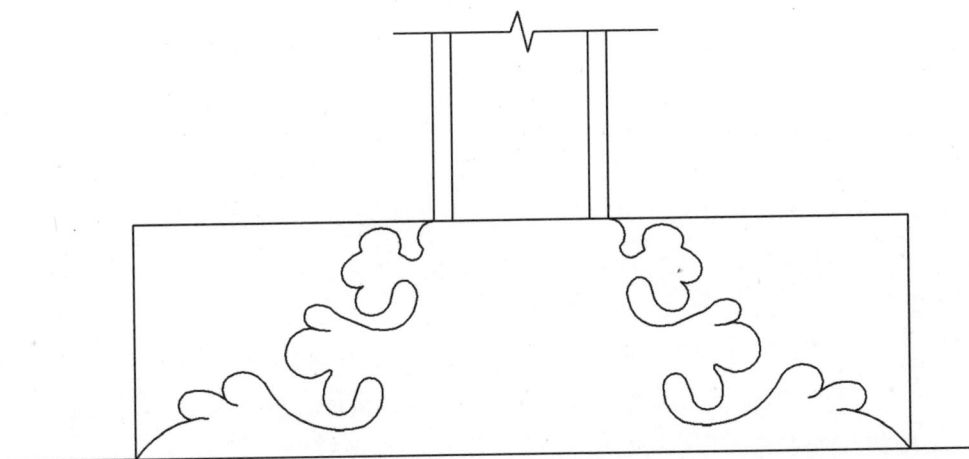

大云院弥陀殿驼峰

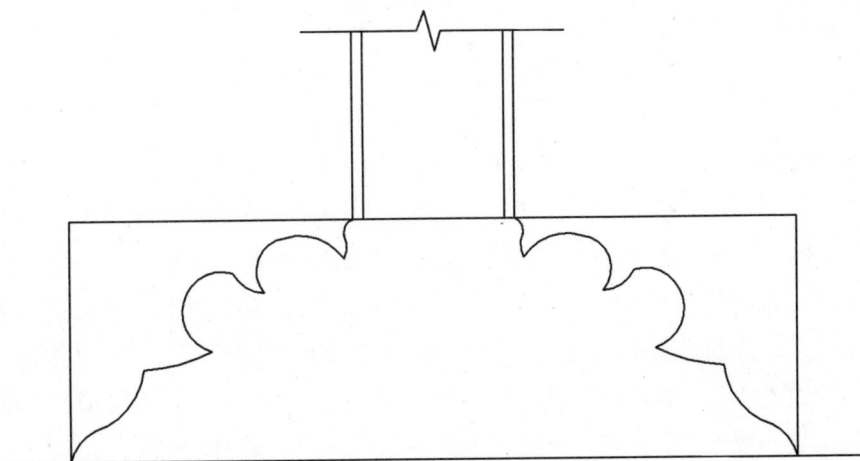

龙门寺西配殿驼峰

图一七　五代隐刻驼峰示意图

米，镇国寺万佛殿为 171 厘米。龙门寺西配殿和天台庵弥陀殿同样有较长的替木。该殿前檐正身替木为 155 厘米，角栱上替木为 204 厘米。梁思成先生认为河北正定开元寺钟楼"尤其在角栱上，且有修长替木"[19]。这应是唐、五代建筑的风格。

4. 梁栿

前殿除了平梁，梁栿头都作隐刻入瓣月梁，栿背无弧起的肩，梁底无颐 。考山西现存唐、五代遗构（除了佛光寺东大殿月梁），都是类似做法。这"可看成是向宋代普遍将明栿做成月梁手法的过渡"[20]。

平梁未作月梁形式，与其他梁栿有较大差异，但梁头（前槽）依椽坡度砍杀成六瓣出颐斜面，与宋初莆田玄妙观三清殿平梁头如出一辙，与华林寺大殿耍头、日本兵库净土寺土堂梁头的式样相同。这种形制是早期梁头的制作方法，还是后世修葺时改制，尚不能定论。它在山西自唐至宋的现存建筑中尚属首例。

5. 驼峰

前殿平梁上以矩形木块隐刻驼峰，承垫侏儒柱。隐刻驼峰是五代、辽流行的装饰手法。此驼峰与平顺大云院弥陀殿、龙门寺西配殿的形制图案极为类似，应是同期作品（图一七）。此外，前槽丁栿背上的梯形驼峰也与平顺大云院弥陀殿、大同善化寺大雄宝殿的驼峰相近，惟高度过之。

6. 斫纹

梁思成先生在《我们所知道的唐代佛寺与宫殿》一文中写到"在束腰层中，有多数的短柱……将束腰分为若干正方格。这些短柱上都有横纹，也许是代表石上斧凿之纹"[21]。前殿的八角形柱、柱础、须弥座都有横斜的斧凿纹饰，斫工精美，当是五代遗物[22]。

（四）时代特征分析

1. 用材尺度不统一是早期模数运用尚未成熟的表现

据实测数据反映，该殿栱材高差 6 厘米，枋材高差 7 厘米。栱宽差 2 厘米，枋材宽差 2.5 厘米。栔高 7～12 厘米，差 5 厘米。使用相对稳定和统一的为材宽，宽度 12 厘米。

从其他早期建筑的实测情况看，五台南禅寺大殿材高差 7 厘米，栱宽差 5 厘米。平顺天台庵弥陀殿材高差 5 厘米，材宽差 3 厘米，平均差额在 30% 左右。福州华林寺材高差 4 厘米，材宽差 2 厘米。由此可以看出唐、五代建筑材分模数运用的不稳定性，同时也是材分模数尚未统一规范的反映。玉皇庙前殿同样显示了这一早期用材特征。

2. 梁栿卷头造是唐、五代建筑独有的构造方式

栿首伸出檐外砍制成华栱头的做法，只见于唐、五代和辽代的少数遗构中。采用此结

构的唐代建筑有五台南禅寺大殿、芮城广仁王庙大殿和平顺天台庵弥陀殿，五代建筑有平顺龙门寺西配殿，辽代建筑有大同华严寺海会殿。此后这种构架方式再难得见。可以肯定，这是唐、五代、辽时期的典型构造和独有的结构类型。

3. 斗栱内外皆偷心造是唐、五代建筑斗栱的特征

"从初唐到五代也是找不出一个斗栱是用计心造的例证"[23]。晋东南地区宋初建筑依然沿用这种古制，如高平崇明寺中殿（公元 971 年）、高平游仙寺毗卢殿（公元 990 ~ 994 年）和长子崇庆寺千佛殿（公元 1016 年），直到公元 1073 年所建的高平开化寺大殿内计心造的斗栱才得以见到。像五台南禅寺大殿、芮城广仁王庙大殿、平顺大云院弥陀殿这种柱头斗栱五铺作双卷头造内外皆偷心的斗栱较少出现（图一八），玉皇庙前殿的发现是新的实例。

国内的唐、五代建筑原有九座，按斗栱形制可分为三类：一类为七铺作双抄双下昂，共计三座，即五台佛光寺东大殿（唐）、平遥镇国寺万佛殿（五代）和福州华林寺大殿（五代）。二类为五铺作双抄卷头造，有四座，即五台南禅寺大殿（唐）、芮城广仁王庙正殿（唐）、平顺大云院弥陀殿（五代）和正定文庙大成殿（五代）。三类为斗口跳，有二座，即平顺天台庵弥陀殿（唐）和平顺龙门寺西配殿（五代）。五铺作双抄卷头造在九座遗构中居其四，正定文庙大成殿五开间亦采用了此构，可以肯定在当时这是普遍使用的一种斗栱形制。

4. 斜梁式耍头的时代分析

耍头最早的实例应在五台南禅寺大殿。此前人们所看到壁画中的耍头，其内部结构不甚清晰。耍头与令栱相交承撩檐槫，不作出跳，上置衬方头，与栌斗和抄（或昂）共同构成宋《营造法式》中所说的铺作制度。唐、五代及辽代建筑中有不出耍头者，亦有不施衬方头者，说明这一时期斗栱尚未完全形成宋式铺作的概念。下昂是斜置的出跳构件，向外承托檐出，向内挑承梁栿，施于令栱和耍头以下。这是人们所能见到的早期下昂情况。

玉皇庙前殿不施衬方头，其耍头表现出三种结构形制：其一为用于后檐和两山的后槽，耍头首被截短尾做蚂蚱形，置于二跳华栱上，与令栱相交，尾部向内伸过柱头枋。其二为用于两山前槽，施于斜置的丁栿之背，伸出檐外，与令栱相交，尾部压于柱头枋间。其三与随槫枋（令栱位）、替木相交出两道耍头，腰部压于柱头枋间，尾部挑于平梁头下侧。第三种耍头与昂作用相同，但不出跳，虽为耍头却有昂的功效。这一形制的耍头在山西早期遗构中未曾见到，在日本法隆寺金堂、五重塔和法起寺三重塔等"反映中国南北朝时代后期的建筑特点"[24]的建筑上却都表现出这种类似下昂（未完全出跳）非耍头的结构构件。

从玉皇庙前殿表现出的三种耍头形制，不难看出斜梁、昂、耍头的过渡和演变。第三

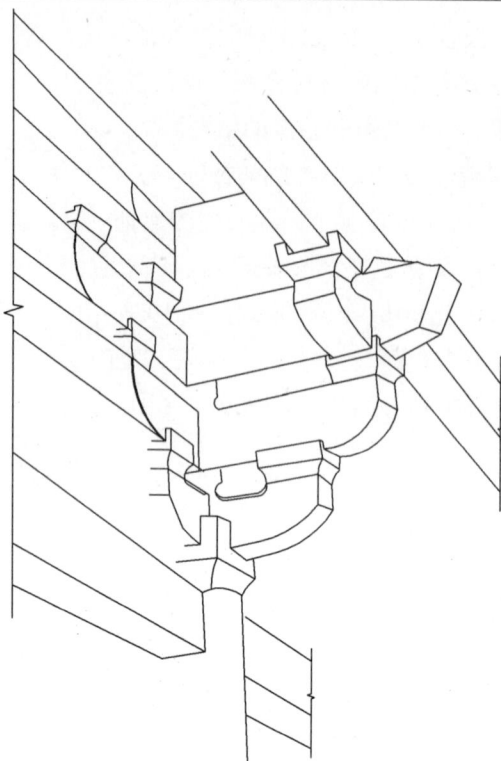

正定文庙大成殿

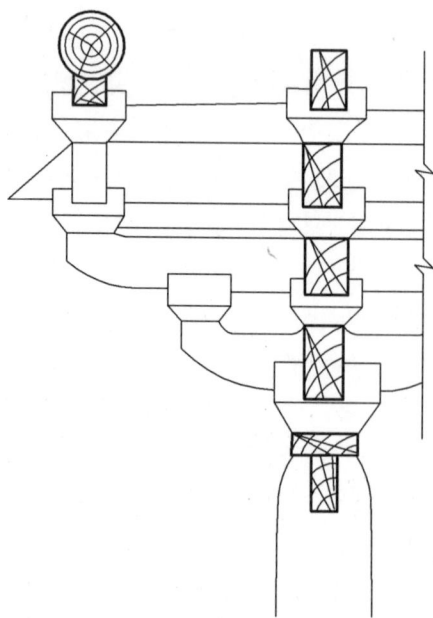

平顺大云院弥陀殿

图一八　五代偷心造斗栱示意图

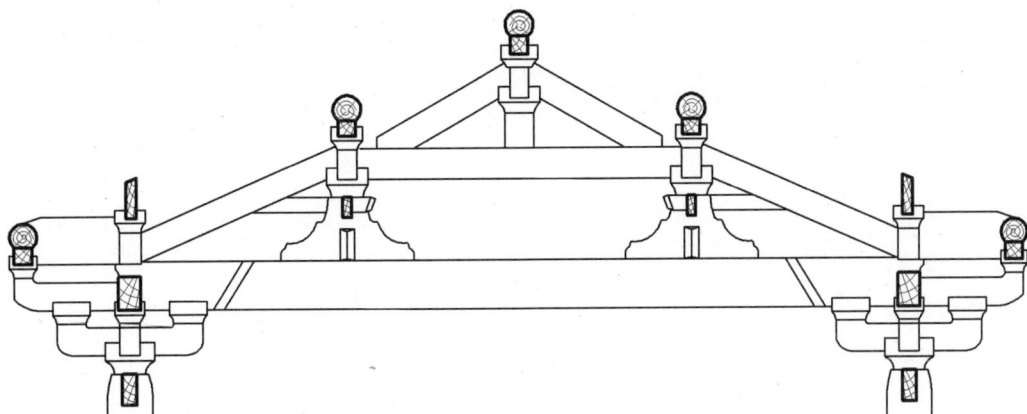

芮城广仁王庙大殿平梁下承垫（唐）

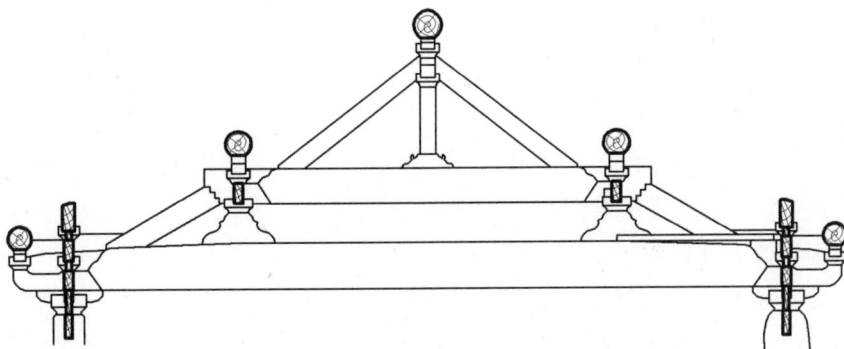

平顺龙门寺西配殿平梁下承垫（五代）

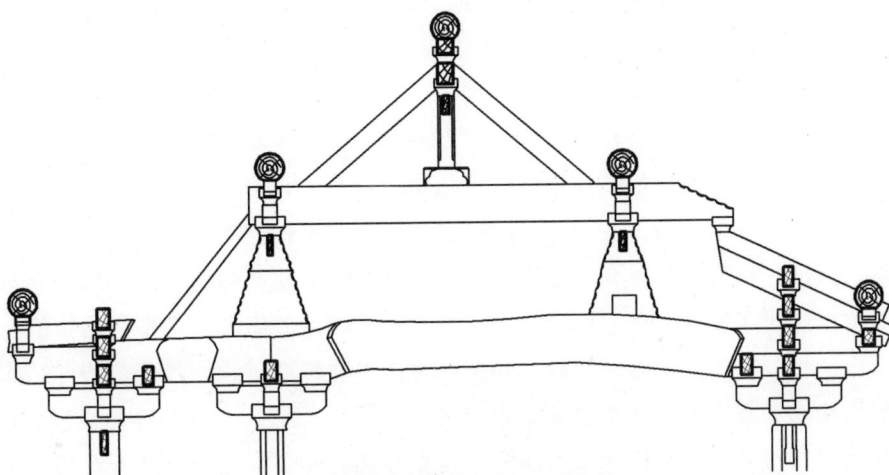

长子玉皇庙平梁下承垫（五代）

图一九　唐、五代平梁下承垫示意图

种应是昂的原型。从功能上看，以柱头枋为支点，首部承挑撩檐槫，尾部压于平梁下，起到了很好的杠杆作用。在减缓檐部对华栱的压力，防止斗栱前覆方面具有良好的稳定作用，具备了昂的承挑功能。在这一构件的使用过程中，进而发现将构件伸长，使令栱、槫置于其上，在不增加铺作高度的同时，又增加了出跳。例如，日本奈良法起寺三重塔（公元706年）过渡到奈良药师寺东塔（公元730年）的结构做法，就完成了昂的雏形。到五台佛光寺东大殿（公元857年）时下昂的结构技术已完全成熟。长子玉皇庙前殿要头的结构做法反映出要头和昂的同源异构性质，为人们提供了极为珍贵的历史信息。

5. 驼峰隔架是区域性的时代特征

在抬梁式建筑中，栿上设驼峰，其上再置大斗以承平梁。这种隔架方式在山西早期的五台南禅寺大殿、芮城广仁王庙大殿、平顺大云院弥陀殿、平顺龙门寺西配殿都被无一例外地采用。这无疑是唐、五代建筑的风格。在晋东南地区，五代的平顺大云院弥陀殿出现了驼峰上置十字出跳栱的做法。宋初的高平游仙寺毗卢殿（公元990～994年）、长子崇庆寺千佛殿（公元1016年）沿用此法。宋中期以后出现了以蜀柱隔架的方式。例如，高平崇明寺中佛殿（公元971年）、高平开化寺大雄宝殿（公元1073年）和平顺龙门寺大雄宝殿（公元1098年）等都采用了这种蜀柱隔架结构。玉皇庙前殿平梁与四椽栿之间用驼峰、大斗承垫平梁，显然是唐、五代的做法（图一九）。

6. 翼角结构的过渡特征

玉皇庙前殿翼角结构与高平游仙寺毗卢殿（公元990～994年）、太原晋祠圣母殿（公元1023年）和高平开化寺大雄宝殿（公元1073年）等宋代建筑的构造非常类似，但亦有许多差异。其表现有如下四点：其一、隐角梁前端置于檐槫交接处，比宋式结构前置了许多。如将隐角梁延长即与角梁斜置无异，显然是保留了唐、五代时角梁斜置做法的结构位置。45°角部折点非常靠前，形成较为急促的起翘，表现出明显的斜置角梁向平置的过渡征兆。其二、隐角梁前端压于仔角梁尾下，有如太原晋祠圣母殿的做法。然其尾仍如角梁斜置之制，压在平槫交接点上（所谓"压金"做法）。宋制隐角梁尾大多都与平槫采用扣接方式，显然尾部结构的做法尚存斜置角梁的遗痕。其三、大角梁尾悬空，腰部与隐角梁间设短柱，尾部由平梁下驼峰和出际平梁下夹际柱子柱间的枋材扣压。这种结构方式后世鲜见。其四、在外转二跳角华栱头设斜撑，穿过柱头枋斜撑于大角梁底，显然是平遥镇国寺万佛殿昂尾承栿向高平崇明寺昂尾承角梁结构的过渡做法。该殿翼角做法与唐、五代、宋翼角结构的比较，清晰地反映出角梁斜置向平置转变过程中各部位构件结构的演变过程，是由唐向宋翼角结构转折时期很重要的实例。

大角梁平置或斜置的结构方式，决定了翼角起翘的和缓或陡峻。从五台南禅寺大殿到平遥镇国寺万佛殿（除芮城广仁王庙大殿），山西唐、五代厦两头造建筑大都采用了角梁斜置的构造，因此翼角平直、起翘和缓成为唐、五代建筑的主要特征之一[25]。长子玉皇

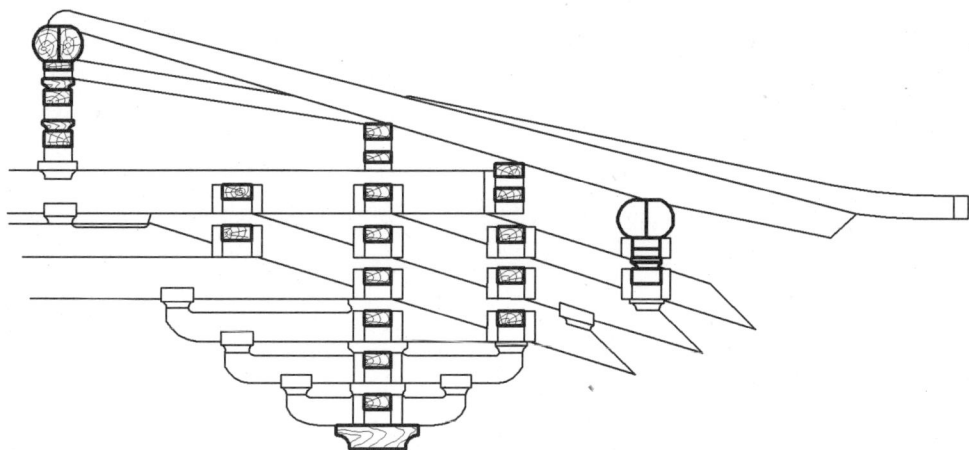

平遥镇国寺万佛殿角梁（五代）

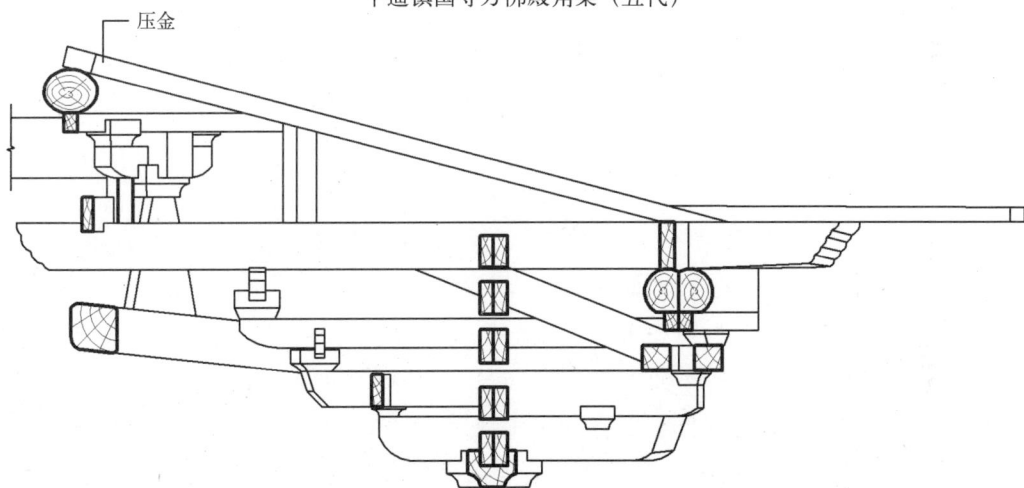

长子玉皇庙前殿角梁（五代）

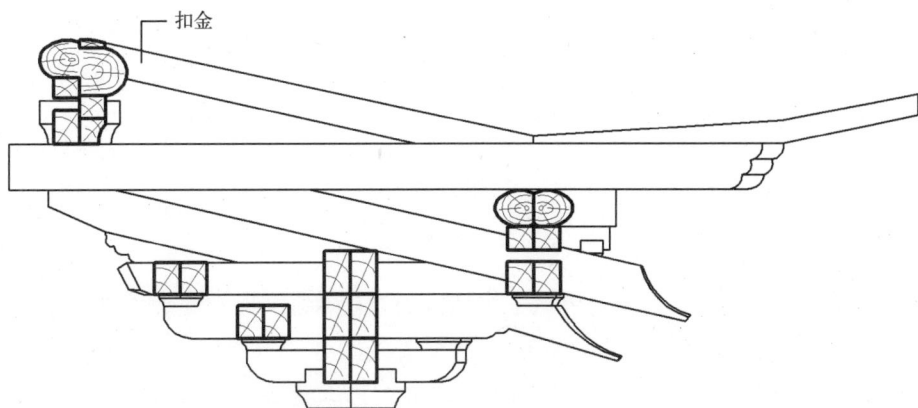

平顺九天圣母庙大殿角梁（宋）

图二〇　五代、宋翼角结构演变示意图

庙前殿和平顺天台庵弥陀殿采用大角梁平置结构，使得翼角生起急促而起翘陡峻。从入宋以后最早的高平崇明寺中殿的大角梁已呈平置结构来看，显然角梁结构由斜置到平置方式的改变成为唐、宋建筑翼角结构时代特征的分水岭（图二〇）。

玉皇庙前殿翼角结构不排除后人改造的可能，但从晚唐平顺天台庵弥陀殿和入宋后最早的高平崇明寺中殿已出现的角梁平置的结构看，角梁平置做法始于晚唐，五代出现也属情理之中。反观宋以后的角梁再无一例是斜置结构。由此可见，唐、宋建筑翼角结构的改变是传统建筑构架的一次重大变革，对于传统建筑的外形风格和翼角曲线产生了重大的影响。

7. 举高偏大的疑问

从前述分析结论中得出，山西唐、五代建筑中总举高最平缓者是五台南禅寺大殿为1：5.15，最陡峻者是平顺大云院弥陀殿为1：3.52。长子玉皇庙前殿为1：3.2，与同期建筑差距较大，已接近金、元建筑的比例。从勘察中得知，所有驼峰都是两块料对接，而且对接高度接近。疑似后人改动了举架，或是早期建筑中有举架陡峻的做法，亦或有其他因素，对此有待深入研究[26]。

8. 批竹形耍头斜杀和斜面令栱的使用年代问题

遗构中保留了两件批竹形耍头，面身中间起棱向两侧斜杀，昂嘴斫尖，面部无顫。令栱全都在看面砍斜，同时角华栱栱头起棱，两侧砍斜面，如鱼脊状。一般认为这些都是流行于金代建筑的特征。考晋东南宋代早期建筑情况，高平崇明寺中殿（公元971年）昂面身起棱，嘴部斫尖；高平游仙寺毗卢殿（公元990～994年）昂面身起棱，嘴部斫尖，并使用看面砍斜的令栱；长子崇庆寺千佛殿（公元1016年）昂面身起棱，嘴部斫尖，令栱砍制斜面，于转角铺作令栱相列出卷头时将栱头两棱杀斜，呈鱼脊状。此后，陵川南吉祥寺大殿（公元1030年）、高平开化寺大雄宝殿（公元1073年）、平顺龙门寺大雄宝殿除了上述特征，还有角华栱起棱呈鱼脊状。无疑昂面身起棱、嘴部斫尖、令栱看面砍斜的做法在宋初已有，可以认为五代已开始使用，但几项特征完全集于一身的做法则出现在离五代七十年以后的陵川南吉祥寺大殿，还是令人生疑，有待进一步考证。

（五）前殿年代的判断

对于建筑年代的鉴定，首先是建筑主体结构的时代特征，其次是有关文字记载和史料的佐证。长子县布村玉皇庙的相关史料，仅有清康熙四年（公元1665年）、光绪三年（公元1877年）修葺和民国十六年（公元1927年）另辟西院、增修厢房的记载。因此，年代的判断只能根据遗构所反映的时代特征予以推断。每一座古建筑在其存续的历史过程中都经历过多次修葺，其年代的真实性有赖于历代维修时对它的干预程度。正如梁思成先生考察正定隆兴寺山门时的感叹："最令人注目的是檐下斗栱，纤弱的清式平身科夹在雄大的宋式柱头铺作之间……"[27] 人们无法要求先人按今天的保护理念维修古建筑，也就不能苛求其保存的完整性。特别是瓦顶、地面和装修，无一例外的都会受到较为严重的干扰。因此，祁英涛先生在《怎样鉴定古建筑》一书中强调应该以一座建筑物现存的主体结构为主要依据。

通过对玉皇庙前殿的结构、形制、细节和主要时代特征的初步分析后，笔者认为：其一、现存主体结构应是唐末至五代的原构。其二、木构架体系保存基本完整，大多数构件具有原真性。其三、斜梁式耍头可能反映了更古老的结构形态。其四、栱的做法是以前所未见，对唐、五代的栱头式样提供了新的认识。对于前殿所反映出的更早期的特征和晚于同时代流行的构件，将有待于人们去深入的研究和更多的发现。

注　释

[1] 刘致平在《中国建筑类型及构造》一书中指出："出现最早、流行最广、最久的要算上下出涩中为束腰的须弥座。这种座最初可以在云冈北魏石窟的塔座及佛座上看到。到唐代的雕刻佛座或敦煌壁画的佛坛上以至宋代的塔幢上，有的是上下涩加多三数层，下有莲瓣等物。"

[2] 柳涵《漫谈中国古代莲荷图案》，《文物参考资料》1959 年第 9 期。

[3] 祁英涛在《河北省新城开善寺大殿》一文中指出"而在辽初或唐代的建筑中都是内外柱同高者"。参见《文物参考资料》1957 年第 10 期。

[4] 傅熹年主编《中国古代建筑史》第二卷，中国建筑工业出版社 2001 年版。

[5] 窦学智等《余姚保国寺大雄宝殿》，《文物参考资料》1957 年第 8 期。

[6] 顾铁符在《西安东郊唐墓壁画中的斗栱》一文中指出"分上下两层的阑额除这里以外，在大雁塔石刻门楣和敦煌壁画中等处也常见到。这里的和他们不同之处是上下层间距很小，襻柱已经变成了一块垫木"。参见《文物参考资料》1956 年第 11 期。

[7] 宋李诫撰、邹其昌点校《营造法式》卷十五"窑作制度·瓦"，人民出版社 2006 年版。

[8] 王春波《山西平顺晚唐建筑天台庵》，《文物》1993 年第 6 期。

[9] 杨烈《山西平顺县古建筑勘察记》，《文物》1962 年第 2 期。

[10] 祁英涛指出"唐及辽代初期，柱径与柱高比均为 1：8～1：9"。参见《怎样鉴定古建筑》，文物出版社 1981 年版。

[11] 刘俊喜主编《大同雁北师院北魏墓群》，文物出版社 2008 年版。

[12] 同 [9]。

[13] 据陈明达先生《营造法式大木作制度研究》一书中的数据，宋建榆次永寿寺雨花宫、太原晋祠圣母殿（副阶）柱高与檐出之比分别是 1：0.61 和 1：0.59，晚唐平顺天台庵弥陀殿为 1：0.71。这些显示出入宋以后出檐急剧减短的特征。该殿檐出尺度显然未经改造，仍反映出唐、五代檐出制度的特点。

[14] 山西宋建晋城青莲寺释迦殿（公元 1089 年）屋顶坡度为 0.60，金建陵川龙岩寺前殿（公元 1129 年）、西溪真泽二仙庙后殿（公元 1142 年）屋顶坡度分别为 0.64 和 0.63。该殿更接近当地金代屋顶坡度，金代改制的可能很大。

[15] 同 [9]。

[16] 王贵祥《福州华林寺大殿·大殿遗构年代分析》，《建筑史论文集》第九辑（1988 年）。

[17] 张十庆《营造法式栱长构成及其意义解析》，《古建园林技术》2006 年第 2 期。

[18] 傅熹年《福建的几座宋代建筑与日本镰仓"大佛样"建筑的关系》，《傅熹年建筑史论文集》，文物出版社 1998 年版。

[19] 梁思成《正定调查纪略》，《中国营造学社汇刊》第四卷第二期。

[20] 郭黛姮主编《中国古代建筑史》第三卷，中国建筑工业出版社 2003 年版。

[21] 此文刊载于《中国营造学社汇刊》第三卷第三期。

[22] 玉皇庙前殿须弥座台基外表风化严重。其土衬石下部地平以下残存的斧斫之纹，与前殿八角柱的纹饰相同，与日本东京帝国大学所藏汉柱（参见《中国营造学社汇刊》第五卷第二期）的纹饰略同。这种斫纹应是早期石柱、石础装饰的流行做法之一。

[23] 莫宗江《涞源阁院寺文殊殿》，《建筑史论文集》第二辑。

[24] 傅熹年《日本飞鸟、奈良时期建筑中所反映出的中国南北朝、隋、唐建筑特点》，《傅熹年建筑史论文集》，文物出版社 1998 年版。

[25] 从唐至宋初，凡角梁斜置者，翼角椽都是平行布列，或在外檐角柱槽缝内外始采用辐射布角椽法。平置角梁者，大都采用了扇骨状（椽尾相贴）辐射法布置角椽。入宋以后莫不如此。可以认为角梁斜置（角梁首尾搭压于槫的交结点上）而翼角平行布椽的做法无疑是古制，唐、五代多用，宋以后废除。

[26] 参见 [14]。

[27] 梁思成《正定调查纪略》，《中国营造学社汇刊》第四卷第二期。

二　长子县小张村碧云寺正殿建筑初考

（一）概　况

山西省长治市是早期木结构建筑存量较多的地区之一。由于种种原因，尚存一些未被认知的珍稀遗构。为了配合国家"十一五"抢救早期木结构古建筑的计划，市文物旅游局在市政府的支持下，拟对其辖区各市县进行一次普查，以便摸清家底。由于长期的工作关系和对长治的文物情况比较了解，阎广局长、王伟副局长通知笔者和同事刘启兵到长治，安排了委托调查事宜。2005 年秋末，我们分别对各市、县、区开始了先行摸底工作。到达长子县时，配合我们工作的是县文物局会计李书勤同志。虽然他是会计，却是十几年的老文物，情况非常熟悉，仅两天时间就带我们跑了十几座庙。去小张村的那天，还有他的同事牛振洲。小张村在县城的西北方向，距离县城约十五华里，路很好，都是新修的。村里有不到两百户人家，多以农耕为业，不是很富裕。去时刚刚下过雨，车子无法到庙前，只得徒步上庙。路上，小李指着路边的一座庙说："上世纪 80 年代普查时只查到这儿，没去里边。庙我去过，肯定是早期的。"说话间，我们来到庙前。

庙宇规模不大，布局严谨，坐北朝南，地势为北高南低，落差近 5 米。站在山门（新建小门）前，仰望大殿仅见其顶。南端为戏台，但却被村路与庙分割，可能是后来增建的。戏台已毁，仅存高大的石砌台基，想当年体量不小。经过十一级石阶入山门，两侧有厢房各四间、廊房各三间。大殿建于高台上，较地平高出两米多，台阶十三级两侧设为矮墙，以此划分为上下两个院落。

正殿三间，为单檐歇山式屋顶，用灰陶筒板瓦覆盖，脊兽材质相同，已残缺不全。前檐墙体砌至阑额下，仅能见前檐斗栱四朵。斗栱与墙体同被涂成朱红色，青瓦红墙到也协调。置小板门两扇，窗安直棂条。围墙沿大殿山墙接于厢房，无朵殿、配殿附设。两山及后檐墙已砌至椽下，檐下结构无法识别。不过，墙体多处有木构显露，应施有铺作。其屋顶坡度较为平缓，檐口平直，翼角翘起甚微，具有早期特质。

观其阔深近似方形，正侧各三间，条砖台明，条石压檐，室内地面已改为瓷砖铺墁。周檐用柱 12 根，每根为圆形木质，有卷杀被锯的迹象。柱头以阑额连接，未见出头，且不施普拍枋。斗栱施于各檐柱上，不设补间斗栱。檐柱斗栱为四铺作出一跳，单下昂，耍头昂形，转角增出由昂，里转一跳单抄承梁，转角五跳偷心华栱托角梁，丁栿下铺作里转二跳。屋架为四椽栿通檐用三柱，明栿做法月梁造。内柱施斗栱，双向十字出栱承栿。脊槫下置侏儒柱、叉手，不设丁华抹颏栱。平梁与四椽栿由斗栱隔承，丁栿平置搭于栿上，上施斗栱承出际梁架。翼角平行布椽至角栌斗始呈扇骨状辐射。此殿形制古朴，做法奇特，与宋、金之构差异甚大。据此，经阁广局长同意，在长子县文物局的配合下，对该殿进行了实测。由于大殿檐柱和多数斗栱被墙体包裹，加之梁架走闪严重，状况甚危，无法做勘探发掘的工作。其隐蔽部位无法测得，故使柱高、柱底径、柱脚等尺寸以及侧脚生起的数据无法精确掌握。就已获取的数据资料，我们初步认定该殿为五代的遗构。

　　碧云寺为山村小庙，地处偏隅，也无名气，因此在府县等志书中未有记载，庙内更无金石遗存。其寺名也是村民的称呼。在大殿正脊上有“大清国山西潞安府长子县小张村古来有三教堂……康熙二十七年岁次戊辰孟夏吉日建立”的题记。这是该寺惟一的文字遗迹。正脊上所记的是它庙之称，还是寺之原名，不得而知，村民也不能提供更多的信息。这有待于进一步考证。关于大殿的时代只能依据其结构形制、工艺做法、材分尺度所反映的时代特征予以推断。

（二）构件特征

1. 阑额为唐、五代做法

　　栌斗坐于柱头，不用普拍枋，阑额在转角处不伸出柱头。这种结构方式是唐、五代建筑的主要特征之一，已得到普遍的认同，并成为共识。现存的唐、五代遗构中，惟五代的大云院弥陀殿使用了普拍枋，是普拍枋应用之始[1]。碧云寺正殿在前后檐、两山柱头上均未使用普拍枋，阑额于转角处不出头。很显然，此做法表现了唐、五代建筑的普遍特征（图二一）。

2. 泥道栱隐刻

　　泥道栱隐刻是在泥道栱位置处以素枋贯通柱头栌斗，并隐刻出泥道栱，栱端各置小斗一枚上承泥道慢栱。此法的木构实例见于晚唐的平顺天台庵弥陀殿和五代的平顺龙门寺西配殿。此外，在太原天龙山石窟唐代窟檐、长子法兴寺唐大历八年（公元773年）造燃灯塔顶层檐下都有表现。可以肯定，唐代已有此法。上述二木构实例的共性皆为四椽栿延长于栌斗外卷头做第一跳华栱，栱头上施单斗的斗口跳，不施令栱。

　　碧云寺正殿于泥道栱位置施以通间的素枋，斗口两侧隐出泥道栱。与前两例的不同之处如下：其一、栿首伸入铺作中，华栱非栿之延长。其二、在隐刻栱上又施真实的泥道栱，或可称为慢栱。其三、跳头施令栱。这种泥道栱隐出于素枋上的做法较为罕见，除了

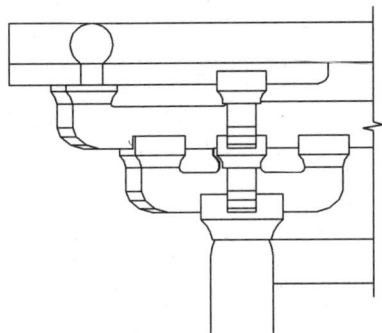

芮城广仁王庙大殿（唐）　　　　　　　　平顺龙门寺西配殿（五代）

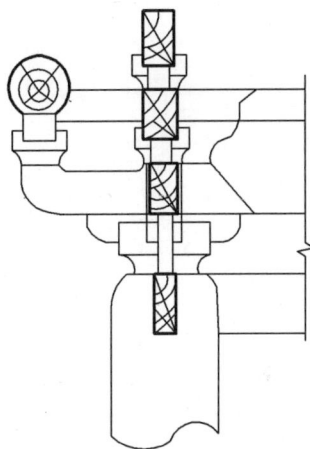

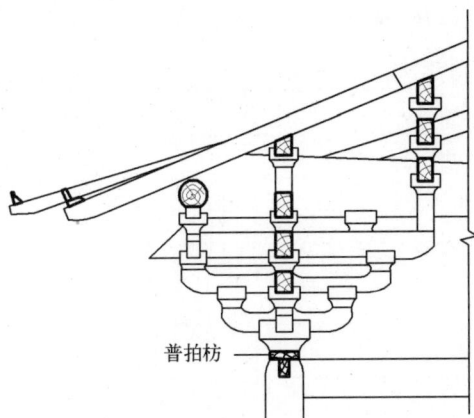

普拍枋

平顺大云院弥陀殿（五代）　　　　　　　长子碧云寺正殿（五代）

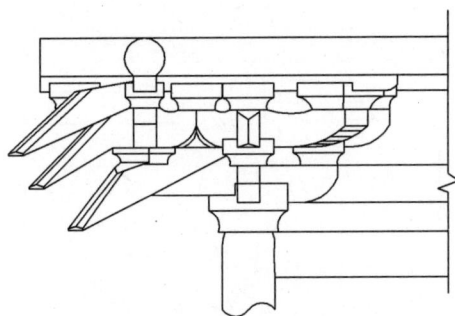

图二一　唐、五代柱头、阑额、普拍枋演变示意图

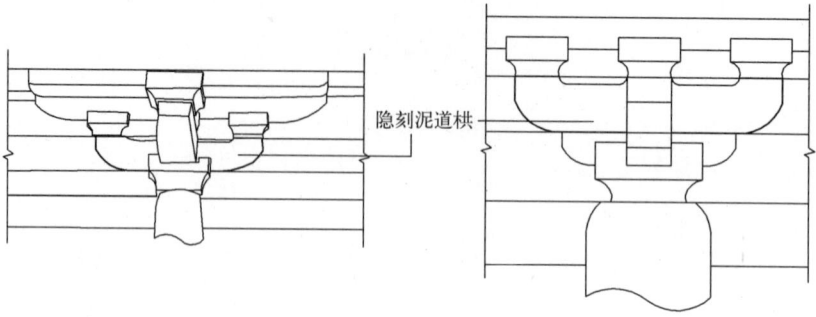

平顺天台庵弥陀殿（唐）　　　　　　平顺龙门寺西配殿（五代）

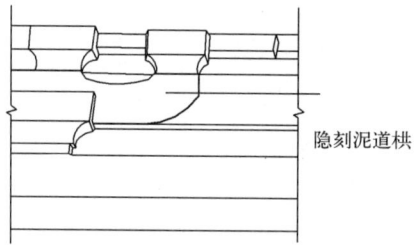

隐刻泥道栱

太原天龙山第4窟窟檐（唐）

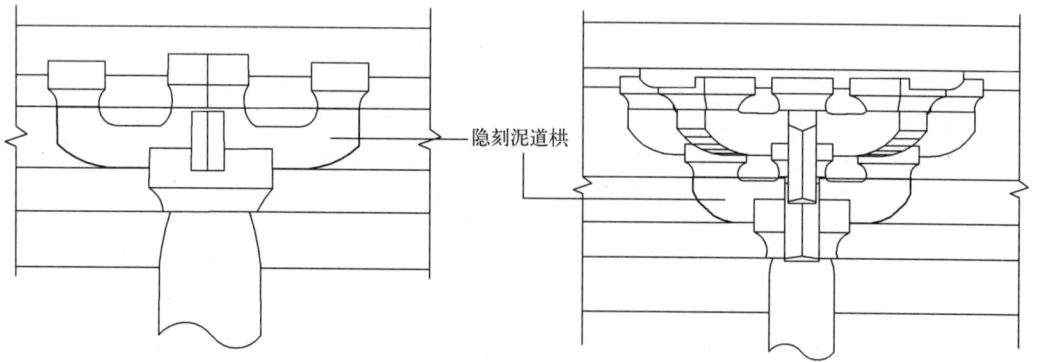

隐刻泥道栱

长子法兴寺燃灯塔（唐）　　　　　　长子碧云寺正殿（五代）

图二二　唐、五代泥道栱隐刻示意图

该殿和上述两例木构实物，长治地区已不再见。由此可以认为该做法与上述两个木构实例同为唐、五代时期的做法（图二二）。

3. "皿斗"做法

在斗底加垫的一块薄板被称为"皿板"，是早期建筑的做法，"在四川汉代崖墓中即有所见"[2]。"皿斗"做法魏晋南北朝很盛行，大同云冈石窟、洛阳龙门石窟、北齐的义慈惠石柱和唐初墓室壁画中都有表现。其木构实物在北方地区仅见于五台南禅寺大殿，此后尚无真实"皿板"使用的实例。皿板的使用虽然已消失，但在后世的遗构中却保留了"遗痕"。大致有两种表现：第一种是在欹颐的下部曲线回转，以相反方向呈弧线延长，在底部形成类似燕尾状的做法。这在山西唐、五代建筑和晋东南宋代早期建筑中非常普遍，宋末金初已不多见，成为该地区的区域性特征。第二种是在第一种做法的底边略斜向内收，形成一斜面的边棱。北齐义慈惠石柱的斗底做法、五代福州华林寺大殿的斗底做法均属此类，被称为"皿斗"做法，北方地区的实例很少见到。

碧云寺正殿斗的欹颐部分的做法有五种形式：一是与上述燕尾式做法一致，是晋东南宋初和宋以前普遍流行的做法。此种做法的斗较多。二是"皿斗做法"的斗的内斜边棱较小，主要存于攀间斗栱中的小斗，为数不多。三是在东西山面各存一只斜边棱高为2.5~3.5厘米的栌斗，边棱与欹颐高之比与云冈第9窟窟檐之斗接近，大于义慈惠石柱的斜边。这是山西自南禅寺大殿"皿板"以后，"皿斗"做法的难得实例。四是内柱柱头大斗欹高11.5厘米。其欹颐自上而下形成两边等高的拱形弧线，较为特殊，类似东汉石室墓柱头大斗欹颐的做法。五是前檐两转角栌斗里转的两边，于欹颐部位又作类似栱瓣做法之颐，分为五瓣，当是斗欹做法的特例。

碧云寺正殿欹颐做法形式多样，大多保留了早期做法的痕迹。这不仅使人们看到宋以前早期欹颐做法的多样性，也是该殿具有早期建筑特征的例证。

4. 栱瓣内颐

栱瓣内颐是早期斗栱的特征之一。唐至宋于栱头两端部卷曲之时，分瓣为之。山西唐、五代多有内颐，宋以折线分瓣为主，金、元已呈圆弧状。此法的实例发端于北齐，汉式和北魏栱斗内颐尚无实例。太原天龙山北齐诸窟是此种做法的典型表现。木构的实例有寿阳厍狄回洛墓椁（公元562年）。栱头内颐的深度自天龙山、南响堂山、厍狄回洛墓椁到五台南禅寺大殿、平顺天台庵弥陀殿，有明显的变浅迹象。

长子碧云寺正殿的栱头做法与五台南禅寺大殿近同，均作五瓣卷杀，略有不等的内颐，隐刻之栱也以此法为之。这无疑是沿用了唐代栱头做法的规制（图二三）。

5. 折线栱

所谓折线栱，即自栱头上留以下不作曲线状的卷头，而是直接斫为斜面，或至平出，或至斗口。此做法在汉式斗栱中是常见式样，延至南北朝不断。木构实物仅见于敦煌莫高

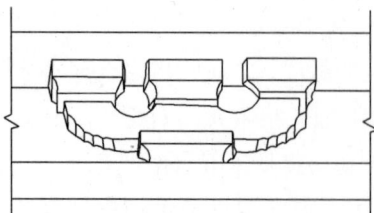

太原天龙山第 1 窟（北齐）　　　　　　　寿阳厍狄回洛墓椁（北齐）

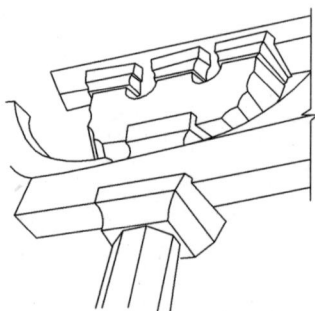

太原天龙山第 16 窟（北齐）

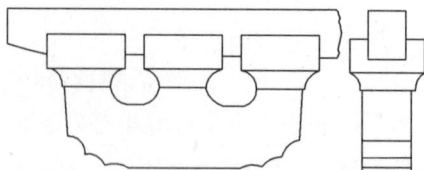

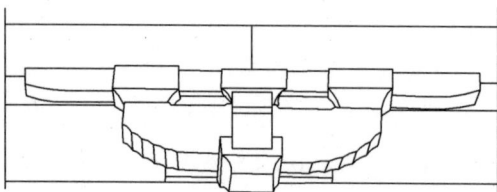

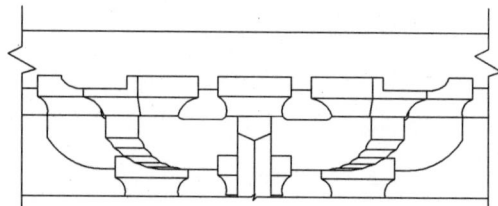

五台南禅寺大殿（唐）　　　　　　　长子碧云寺正殿（五代）

图二三　南北朝至五代栱头卷瓣内颐示意图

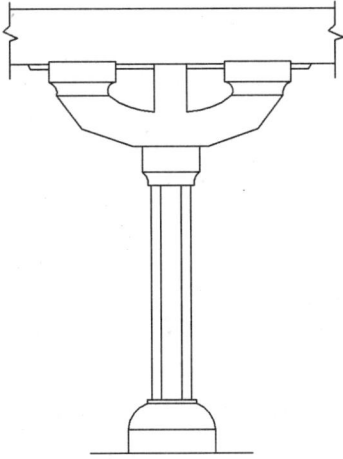

山东沂南汉墓石柱折线栱

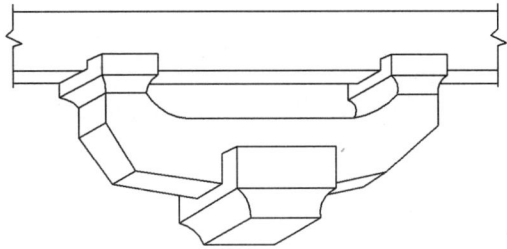

四川渠县汉代冯焕阙一斗二升折线栱

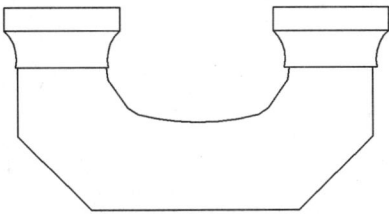

山东沂蒙汉墓中室折线栱

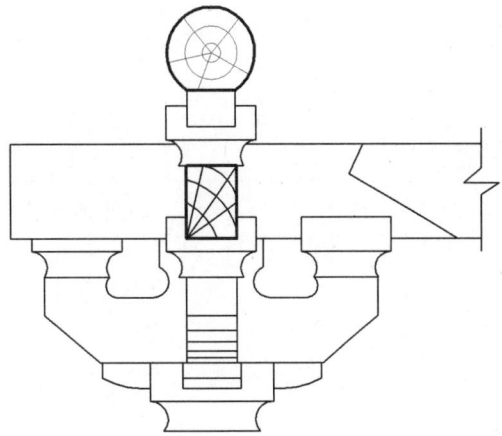

长子五代碧云寺正殿折线栱

图二四 汉、五代折线栱示意图

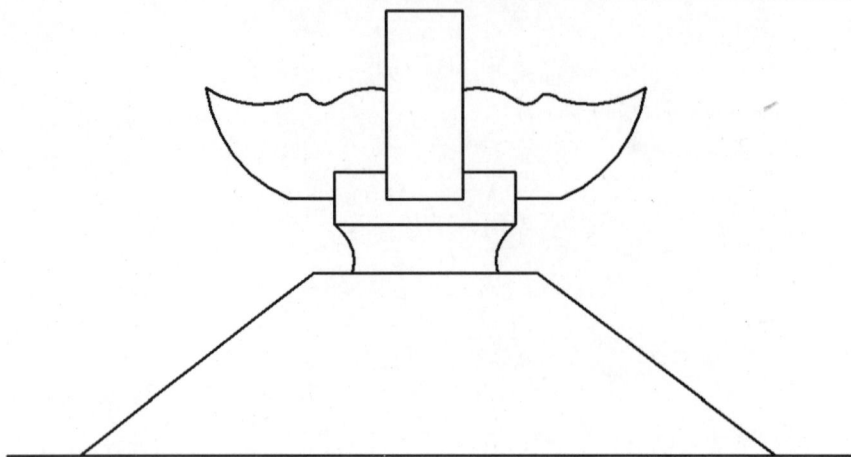

平顺大云院弥陀殿驼峰（五代）

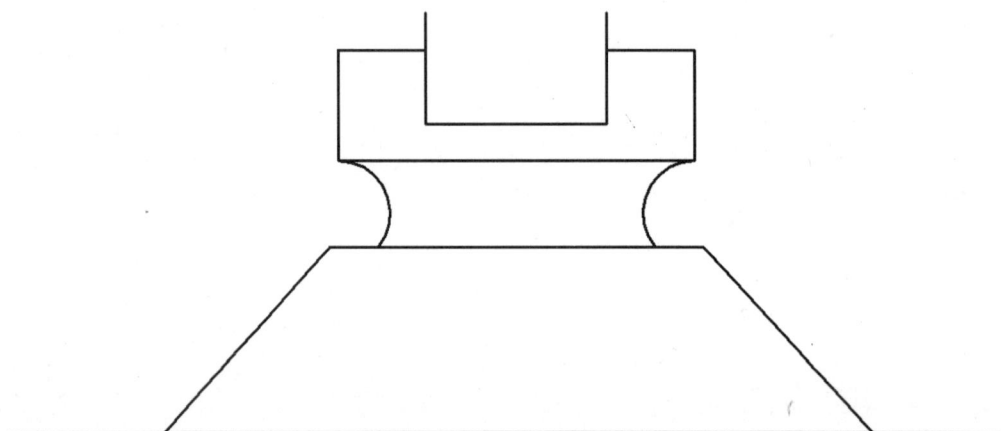

长子碧云寺正殿驼峰（五代）

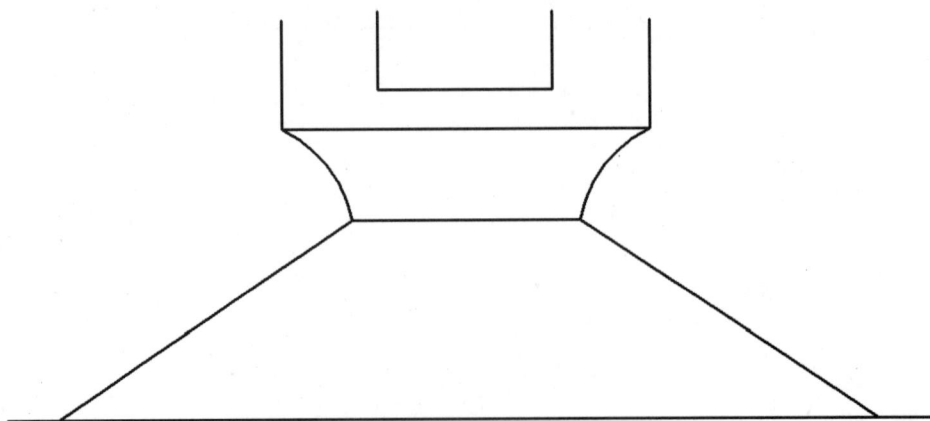

义县奉国寺大殿驼峰（辽）

图二五　五代、辽梯形驼峰示意图

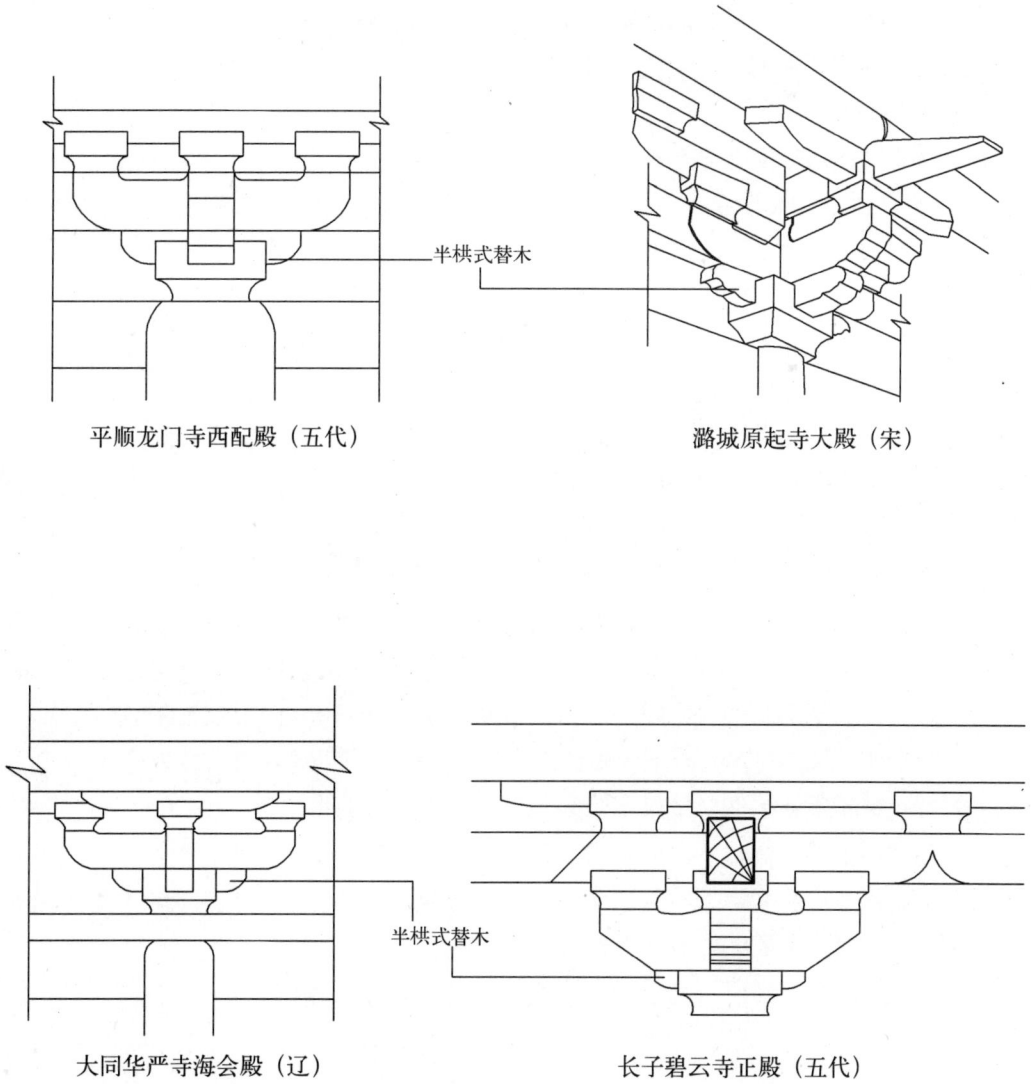

平顺龙门寺西配殿（五代）　　　　　　　　潞城原起寺大殿（宋）

半栱式替木

大同华严寺海会殿（辽）　　　　　　　　长子碧云寺正殿（五代）

半栱式替木

图二六　五代、宋、辽半栱式替木示意图

窟第196窟（公元893年）、444窟（公元976年）等唐末宋初的木构窟檐。其栱头自上留下端，直线斜杀于平出位置。此做法在山西现存木构实物中极为少见。

碧云寺正殿攀间铺作的华栱两端，自上留底将栱头直线斜杀至平出端，恰似大"斗"之状。山西现存唐、五代建筑中，除此之外尚未发现实例，可视为"汉式斗栱"的延续，是汉代已有的折线式栱头形状的遗迹。对照敦煌木构窟檐做法，该殿的折线栱至迟也是五代时期的实物（图二四）。

6. 梯形驼峰

碧云寺正殿于四椽栿上施斗栱以承平梁，在四椽栿尾于后乳栿交接处上施"梯形驼峰"，其上于大斗口内出十字出跳的攀间斗栱承平梁。此类型驼峰"在彻上露明造梁架上最早见于大同善化寺大殿，此后不多见"[3]。此外，辽代义县奉国寺大殿（公元1020年）和新城开善寺大殿（公元1033年）也有使用。更早的则在平顺大云院弥陀殿已见使用。其殿前槽、两山柱头斗栱上斜置丁栿，尾搭于四椽栿上与驼峰相交，在丁栿背上使用了梯形驼峰，驼峰上置大斗出翼形栱，上承平槫的交结点。

五代与辽代共有此形驼峰。一般认为辽袭唐制，唐代此形驼峰应已有之。长治地区在宋代及后世的遗构中尚无发现此做法的实例。由此可证，碧云寺正殿的梯形驼峰至迟也是五代之构（图二五）。

7. 半栱式替木

此说源于梁思成先生对大同华严寺海会殿的考证"配殿（海会殿）规模很小……值得注意的是，在栌斗中用了一根替木，作为华栱下面的一个附加的半栱。这种特别的做法只见于极少数辽代建筑，以后即不再见"[4]。其做法是于"栌斗口内，横直各施替木一层，其高度等于栌斗之口深，外端未施交互斗，非真实之华栱泥道栱，极为特别"[5]。

碧云寺正殿于攀间斗栱（平梁下）采用了这种"特别的做法"。此法在晋东南最早见于平顺龙门寺西配殿的前檐斗栱和潞城原起寺大殿的周檐斗栱。辽代施此法者除了大同华严寺海会殿，尚有应县木塔第五层斗栱。另外，在呼和浩特市辽代万部华严经塔第四、五、六层和辽中京大明塔底层木结构中均有此做法。此做法与梯形驼峰一样，是同时存在于五代和辽代建筑中，同样可视为唐、五代的做法[6]（图二六）。

（三）结构特征

1. 叉手与令栱绞结

考山西现存唐、五代木构建筑，其脊部结构均是于脊槫以下设替木（或通间如南禅寺大殿），再施捧节令栱（或隐刻如天台庵）、叉手、蜀柱（五代），不设丁华抹颏栱。叉手于纵向分别设于两侧，底部位于平梁两端，首部与令栱（捧节令栱）绞合结构，其上

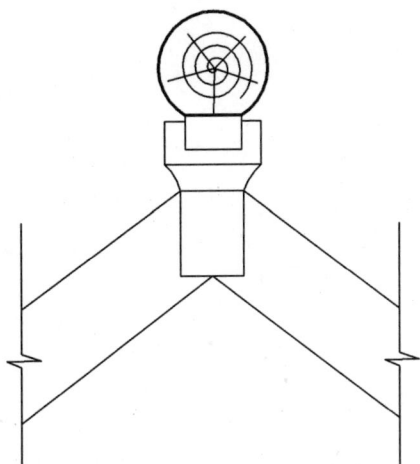

五台佛光寺东大殿（唐）　　　　　　　　　平遥镇国寺万佛殿（五代）

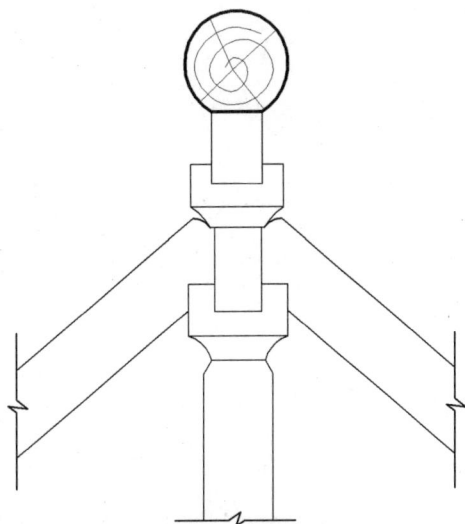

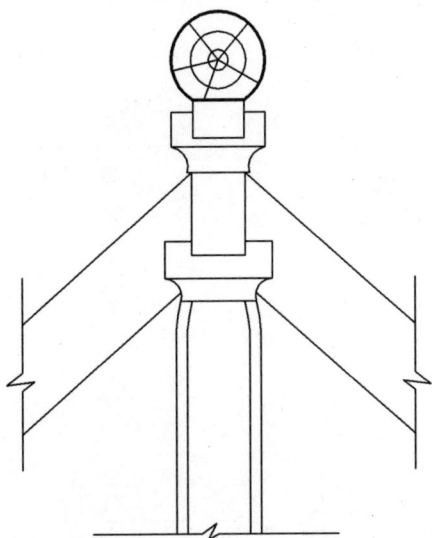

长子碧云寺正殿（五代）　　　　　　　　　平顺九天圣母庙圣母殿（宋）

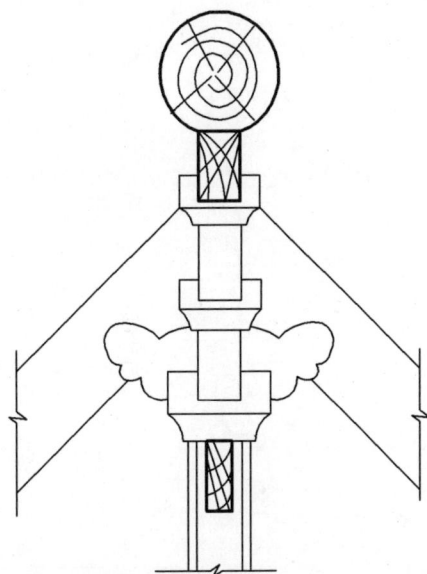

图二七　唐、五代、宋叉手示意图

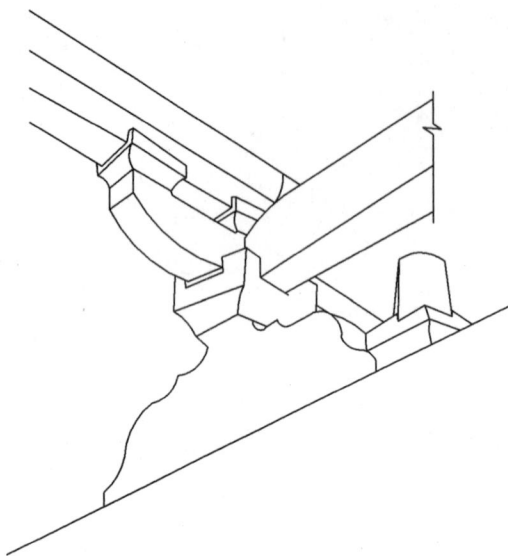

五台南禅寺大殿驼峰隔架（唐）

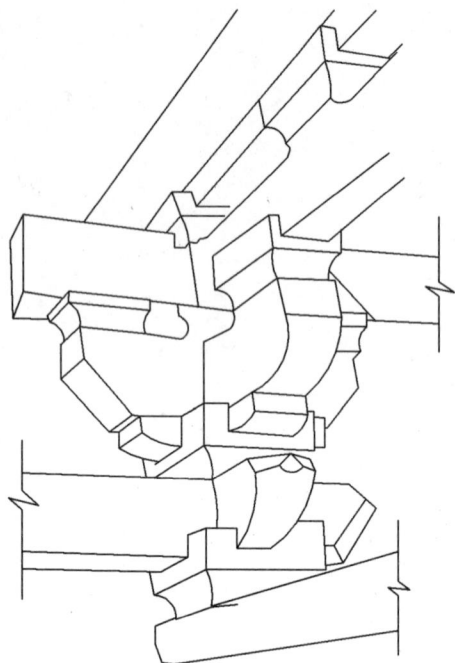

长子碧云寺正殿十字栱隔架（五代）

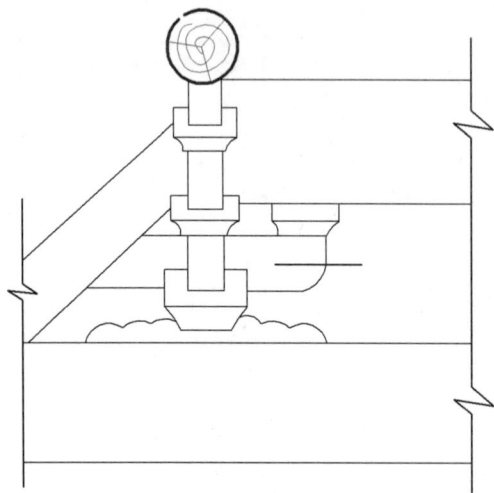

平遥镇国寺万佛殿斗栱隔架（五代）

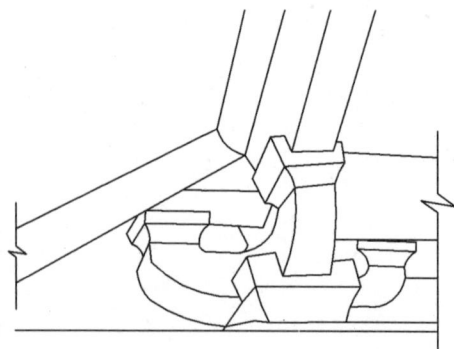

蓟县独乐寺山门十字栱隔架（辽）

图二八　唐、五代、辽驼峰、斗栱隔架示意图

端位于令栱两侧和上下两小斗之间。山西唐至宋、金脊部结构有明显的差异。唐代叉手叉于令栱两侧，下端相触开卯口托住令栱。五代叉手上端位置仍设于捧节令栱两侧，出现侏儒柱，柱底施驼峰（或隐刻如龙门寺西配殿）承负。宋、金承袭五代旧制用侏儒柱，柱下施以驼峰承托。宋中期以后使用合楷稳柱。合楷和驼峰在结构功能上有很大差别，驼峰用以扩大结点受力面积，合楷则是注重强化柱脚的稳固。宋代叉手位置开始上移，并出现丁华抹颏栱，有显著的由简洁向繁复的发展趋势。碧云寺正殿脊部做法具有明显的五代结构特征（图二七）。

2. 内外柱同高与斗栱隔架

在唐代和五代小型殿堂都采用了通用二柱的结构。碧云寺正殿梁架结构实为四椽栿通檐做法，然而在四椽栿下于后槽与山柱对缝增设了两根内柱，所以看似三椽栿对劄牵，通檐用三柱结构。内柱头上施大斗，斗口出十字出跳之栱，华栱双抄出两跳承丁栿，令栱单抄一跳承四椽栿，恰与檐柱斗栱配合承负梁栿，形成内外柱等高的格局，反映出这一时期"内柱常与檐柱同高"[7]的结构特征。

碧云寺正殿在四椽栿与平梁间以四朵攀间斗栱隔架，前后丁栿上亦设四朵斗栱，以承平槫交点。大斗口内置十字相交的替木式小栱头，其上向前后左右出十字相交的华栱和泥道栱，栱头上置小斗以承上部梁槫。其做法具有显著早期特征。

山西唐、五代、辽的木构建筑均以驼峰或斗栱隔架。入宋（金）以后，山西北部、中部、南部仍以驼峰隔架为主，偶有斗栱隔承的特例（文水则天庙圣母殿）。惟晋东南入宋后以蜀柱隔架[8]，柱下或以驼峰承托柱脚，或施合楷稳固蜀柱。碧云寺正殿以斗栱作为梁栿间隔架相承的做法，是晋东南地区宋以前梁架结构的特征之一（图二八）。

3. 翼角椽平行布列

从两汉至南北朝一些石雕遗存中反映，翼角椽的布列有两种方式：一种是平行直列排布角椽，另一种是呈辐射状排布角椽。此两种翼角椽布列方式，在汉阙和南北朝石窟中都有反映。平行直列式摆布角椽的结构方式在在北齐义慈惠石柱屋盖有较真实的反映，其次则见于日本"飞鸟时期"（初唐）的奈良法起寺三重塔。其结构方式是角椽沿角梁与大殿正身椽平行排列，椽尾扣入角梁。由于日本早期建筑与我国传统建筑的承袭关系，故可视为这种方式的木构实例。我国现存木构实例以五台南禅寺大殿为最早。其角椽排布是自角梁尾第三根椽以后均呈辐射状排列。此后的五台佛光寺东大殿也与此法相似。平行法和辐射法布角椽在北魏、北齐实物中已同时存在，此二法均属并列排布角椽的方式。宋《营造法式》的做法是自补间起呈辐射状布列角椽，即每根椽均斜贴角梁，呈扇骨状外撇，与上述做法有本质的区别。

长子碧云寺正殿自角梁尾每根椽与正身椽一样，垂直于平槫，平行布列，自栌斗开始角椽呈扇骨状外撇，显然是宋以前做法。此法还见于平顺天台庵弥陀殿和平遥镇国寺万佛

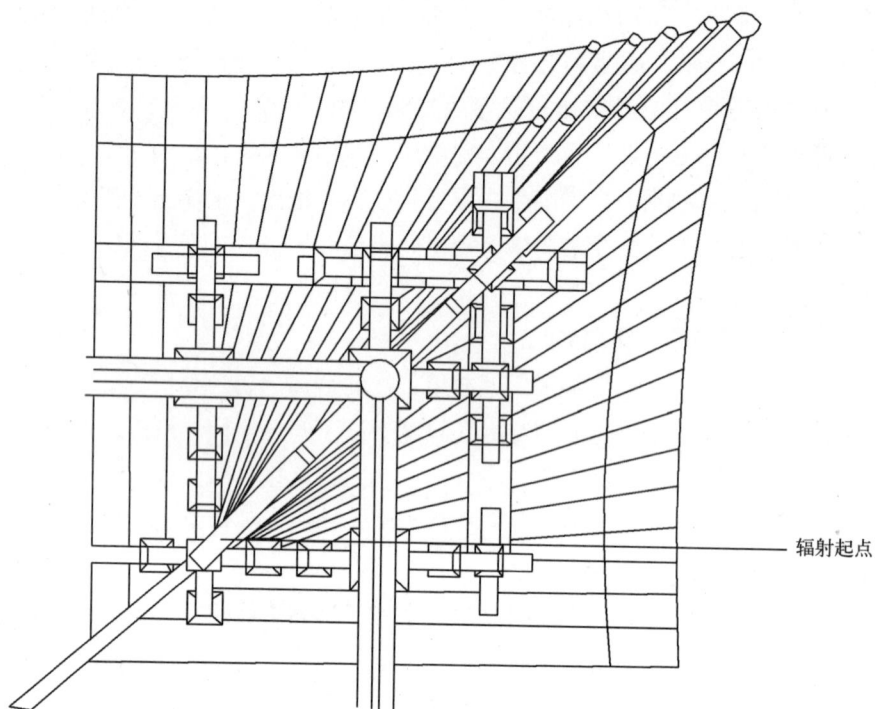

平顺大云院弥陀殿

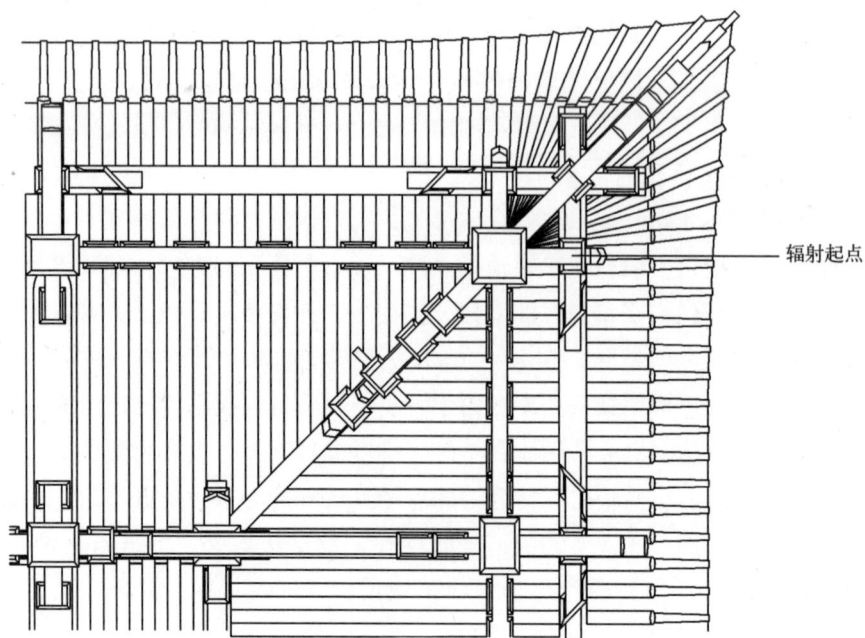

长子碧云寺正殿

图二九　五代翼角布椽示意图

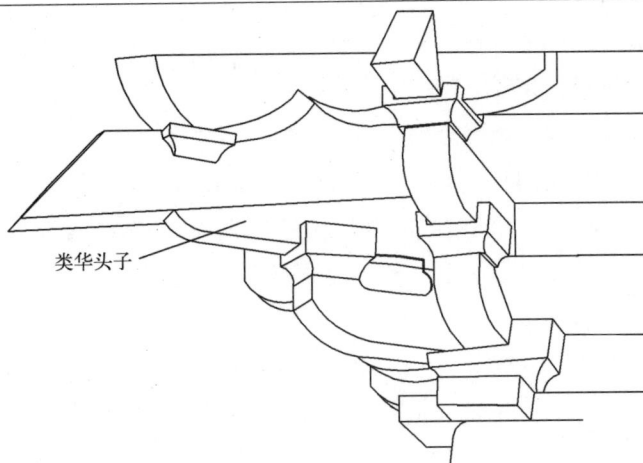

类华头子

平顺大云院弥陀殿（五代）

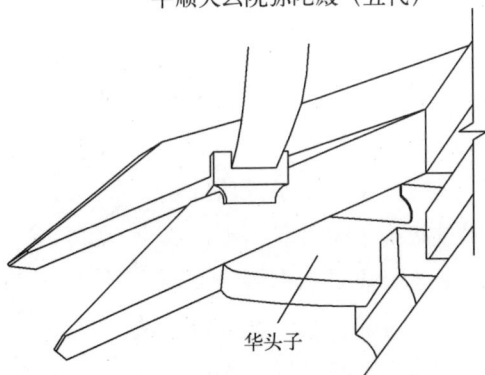

华头子

长子碧云寺正殿（五代）

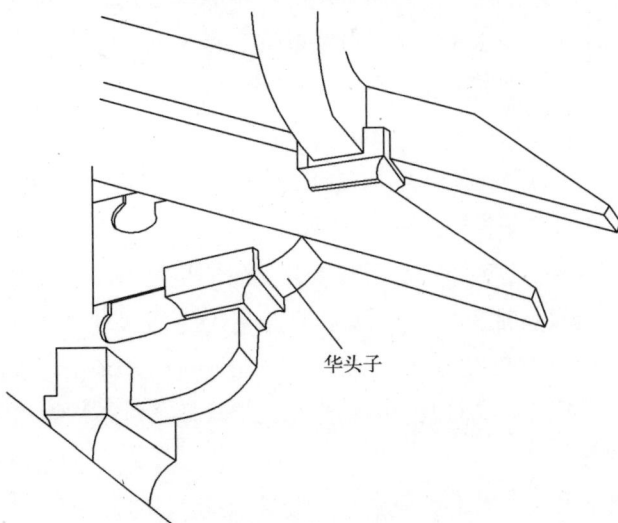

华头子

陵川南吉祥寺前殿（宋）

图三〇　五代、宋华头子示意图

殿。平顺大云寺弥陀殿的做法是自补间下平槫结点起呈扇骨状排列，应是山西现存遗构中的宋式做法之始。从奈良法起寺三重塔、五台南禅寺大殿、平顺天台庵弥陀殿、平遥镇国寺万佛殿、长子碧云寺正殿到平顺大云院弥陀殿清晰地反映出唐至五代角椽排布方式的发展与演变。自平顺大云院弥陀殿模式以后，我国传统建筑角椽排布方式已定型，并经宋《营造法式》加以规范而成为后世的定式。由此我们可以认为碧云寺正殿这种"并列平行角椽之做法"，应是南禅寺大殿模式向大云院弥陀殿模式的过渡形式，是平行椽法向辐射椽法转变时期的折衷做法[9]（图二九）。

4. 华头子（华栱）与昂（耍头）并出一跳

碧云寺正殿前檐当心间柱头斗栱（后檐、两山为墙体包裹，无法看到）一跳华栱与下昂（或耍头）斜切，并出一跳。这种特别的做法是晋东南地区元以前建筑的孤例。华栱与昂（耍头）斜切，内出抄栱一跳承四椽栿，类似华头子做法。现存的唐、五代用昂的建筑，五台佛光寺东大殿、平遥镇国寺万佛殿昂下均未使用华头子。仅有平顺大云院弥陀殿转角斗栱有类似的表现。其转角斗栱二跳角华栱（或华头子）与角昂（或耍头）斜切并出一跳，与长子碧云寺正殿当心间柱头斗栱做法如出一辙。此华栱如按华头子论，第一道是昂，其上为昂形耍头。从唐和宋初斗栱施昂的实例看，昂均施于头跳或二跳华栱之上，尚未见头跳出昂者，也未见华头子出跳者。据此而论，碧云寺正殿之昂也可视为下昂与昂形耍头叠置，其转角处最上之昂应是由昂做法。依平顺大云院弥陀殿之例，长子碧云寺正殿的做法无疑是仅见于五代建筑的做法。此二例的表现显然早于宋代华头子的做法，或者可以认为由此做法演变为宋、金的华头子（图三〇）。金代假昂的使用，华头子随昂连体隐出，元代中期以后隐刻，此后逐步消失。在日本飞鸟时期的建筑样式中，人们可以找到相似的表现。建成于公元8世纪初的法起寺三重塔和法隆寺五重塔、金堂等建筑的结构中"下昂不从斗口出，而托在斗口平出的略如华栱的枋木上，使昂头令栱坐落在平挑的枋木与昂的轴线交点上，这样受力更为合理"[10]。此后，奈良时代的药师寺东塔（天平二年，唐开元十八年，公元730年）、唐昭提寺金堂（约公元770年）已有所改变。昂已出自斗口，昂下类似"华栱"之枋已不见。

一般认为日本法隆寺建筑样式是中国南北朝后期至初唐时期建筑样式的再现，"反映了相当古朴的早期建筑特征"，"与其后奈良时代的白凤样式及天平样式有显著的差异"[11]。长子碧云寺正殿昂、栱并出一跳的做法显然与法隆寺五重塔式样相类似，又早于药师寺东塔式样。该殿斗栱结构做法应是唐代或更早期出跳结构做法的遗存。

5. 栿首与斗栱结合

碧云寺正殿四椽栿、丁栿之首均插入斗栱内，背与昂尾（耍头）斜切，底压于华栱上。这种结构方式在山西唐、五代实物中仅见于平遥镇国寺万佛殿。入宋以后，梁栿多压于斗栱之上，如高平游仙寺毗卢殿（公元990～994年）、太原晋祠圣母殿（公元1102

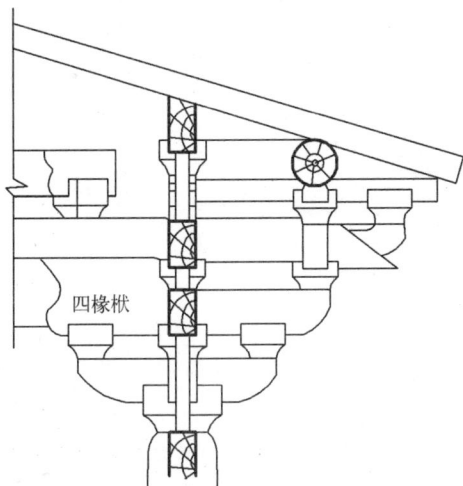

五台南禅寺大殿前檐柱头（唐）
栿首与斗栱组合式

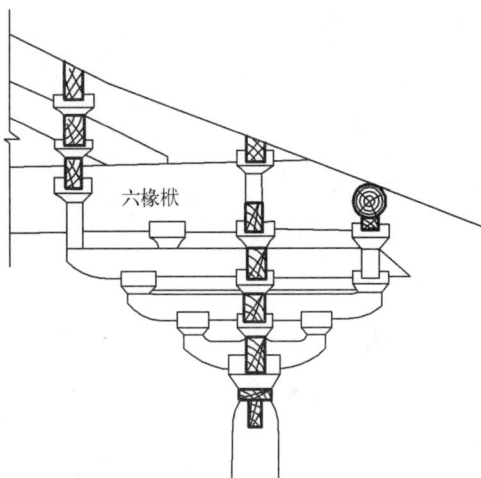

平顺大云院弥陀殿前檐柱头（五代）
栿首与斗栱搭压式

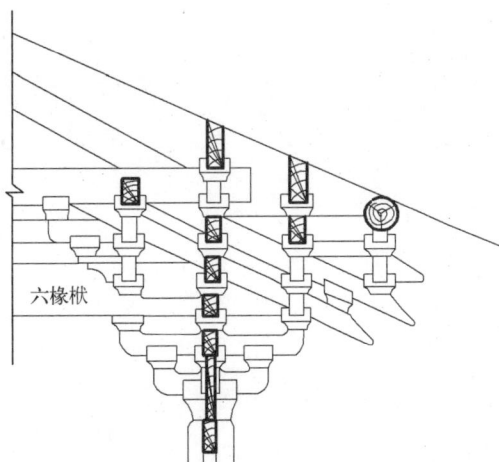

平遥镇国寺万佛殿前檐柱头（五代）
栿首与斗栱搭交式

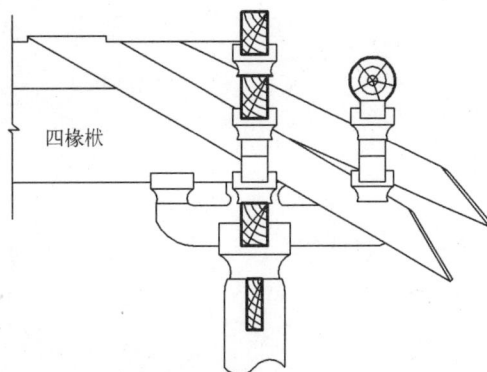

长子碧云寺正殿前檐柱头（五代）
栿首与斗栱搭交式

图三一　唐、五代栿首与斗栱结合示意图

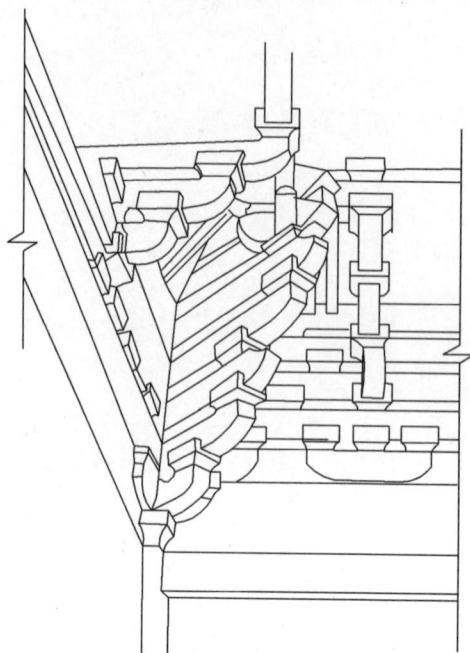

五台佛光寺东大殿（唐）

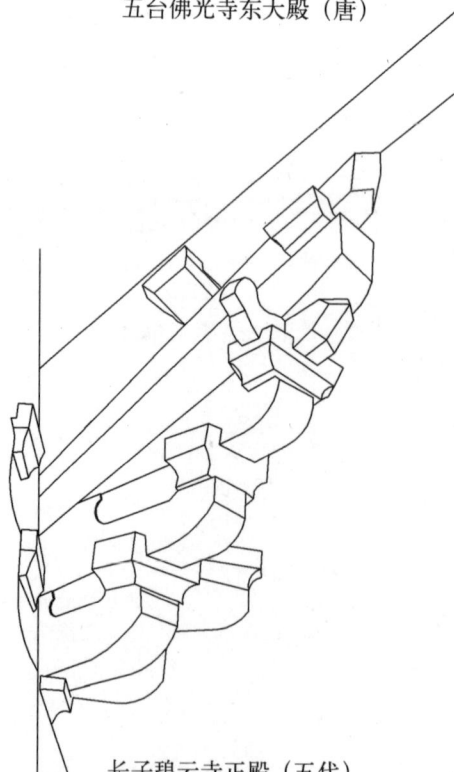

长子碧云寺正殿（五代）

图三二　唐、五代偷心造斗栱结构图

年）和大同华严寺薄伽教藏殿（公元 1038 年）等。榆次永寿寺雨花宫（公元 1008 年）和文水则天庙圣母殿（公元 1145 年）梁栿入斗栱的做法则是沿袭旧制的个例。长子碧云寺正殿这种栿首入斗栱，置于华栱上，与昂斜切，压于昂下的结构方式，无疑是宋以前施昂的斗栱结构方式（图三一）。

6. 角梁斜置结构

碧云寺正殿角梁前置于檐槫上，后压在平槫上，呈斜置式。此做法与五台南禅寺大殿和佛光寺东大殿、平顺大云院弥陀殿、平遥镇国寺万佛殿的做法一致。"这种翼角结构形制唐、五代遗构中多用之"[12]。该殿角梁后尾由连续五跳（其中两跳为昂尾）偷心造的角华栱承托。其形制做法与上述遗构非常相似。由此可见，碧云寺正殿这种角梁斜置和多跳偷心造的角华栱承负梁尾的做法，无疑是唐、五代时期的典型特征。

7. 斗栱偷心造

正殿两山斗栱和后檐斗栱外跳均包于墙内，仅显露前檐外槽斗栱和内槽周围斗栱。前后檐里转出一跳华栱承四椽栿，两山里转出二跳华栱承负丁栿，使丁栿抬高一跳，丁栿尾搭于四椽栿上。转角斗栱里转五跳，角华栱三跳，昂尾作卷头出两跳，共计出五跳上承大角梁，全部为偷心做法。现存实物"从初唐到五代找不出一个斗栱用计心造的例证"。很显然，该殿这种斗栱全部用偷心造的做法应是唐、五代建筑斗栱做法的惯例（图三二）。

8. 扶壁栱

扶壁栱是早期建筑纵架的主要构成，是稳固檐部的重要结构。从西安大雁塔门楣石刻和唐初壁画中的反映来看，扶壁栱第一层为泥道栱上置素枋，枋上再置栱，栱上再反复置素枋。以单栱素枋的形式，重复垒叠，在补间的下部一般使用"直斗"（短柱）。这种做法较早的实例可见于日本奈良药师寺东塔（公元 730 年）、唐招提寺金堂（公元 770 年）等建筑的结构。国内现存唐、五代建筑中五台南禅寺大殿采用了第一层出泥道栱，栱上数层枋材垒叠的做法。此后的五台佛光寺东大殿、平顺大云院弥陀殿、平遥镇国寺万佛殿、正定文庙大成殿都采用这一结构方式。它应是唐以后的普遍做法。

唐建芮城广仁王庙大殿、五代福州华林寺大殿采用了"栱枋重复垒叠"的扶壁栱结构，只是不见了补间下的"直斗"。长子碧云寺正殿在泥道栱位置，自栌斗出素枋一层，斗口两侧隐刻栱形，其上再施泥道栱（慢栱）一层，第三层施素枋，与上述做法相同。潞城唐天宝六年（公元 747 年）创建、北宋元祐二年（公元 1087 年）重修的原起寺大殿的大斗口内出十字相交的"半栱式替木"（应是小栱头），其上于泥道栱位置施素枋，枋上再置泥道栱（慢栱），栱上再反复置素枋。这与碧云寺正殿扶壁栱做法相同，应同属"栱枋重复垒叠"的结构类型，无疑应当是唐、五代扶壁栱结构同构另类的特别做法（图三三）。

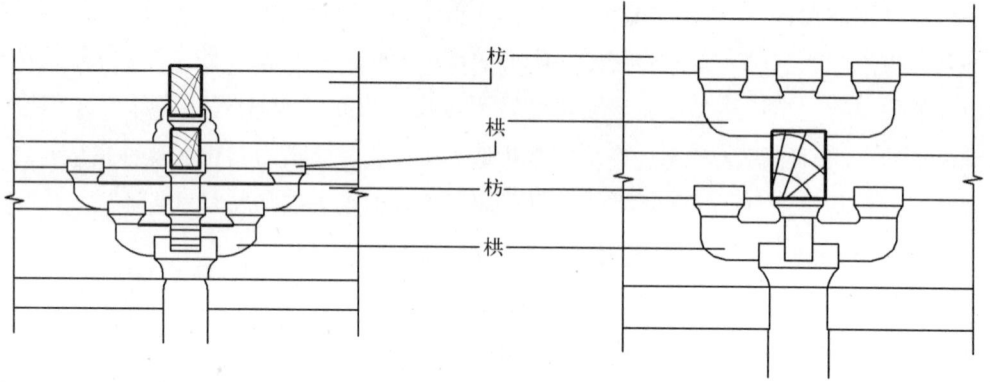

五台南禅寺大殿（唐）

芮城广仁王庙大殿（唐）

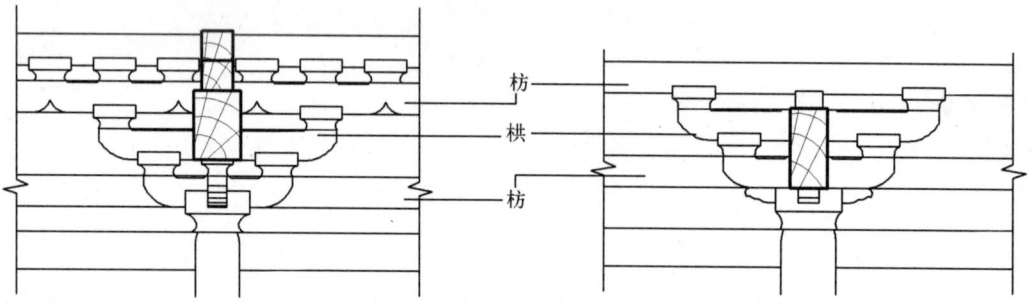

长子碧云寺正殿（五代）

潞城原起寺大殿（宋）

图三三　唐、五代、宋扶壁栱示意图

（四）细节特征

1. 用材情况

（1）栱枋用材。正殿栱材高 17 ~ 20 厘米，相差 3 厘米。栱材宽 12 ~ 18 厘米，相差 6 厘米。材高尺寸较为混乱，多在 19 厘米。材宽使用较稳定，多为 12 厘米。此殿与五台南禅寺大殿、平顺天台庵弥陀殿等早期建筑的用材情况近似，同样反映出用材尺寸的不稳定性。这是此时材分制度尚未成熟所表现出的用材尺寸相对混乱的时代特征。

（2）用材比较。

唐、五代建筑用材比较表

单位：厘米

名称	时代	开间	铺作	材高	材宽	栔	四（三）椽栿	平梁
广仁王庙大殿	唐	5	五	20	13	8.5 15：6.38	31×25 3：2.42	20.5×14.5 3：2.12
天台庵弥陀殿	唐	3	斗口跳	18	12	10.5 15：8.75	39×28 3：2.15	27×19 3：2.11
龙门寺西配殿	五代	3	斗口跳	18	12	8.5 15：7.08	42×32 3：2.29	32.8×18.4 3：1.68
大云院弥陀殿	五代	3	五	20	13.5	10 15：7.50	45×37 3：2.47	31×22 3：2.13
镇国寺万佛殿	五代	3	七	22	16	10 15：6.80	41×28 3：2.01	44×28 3：1.91
碧云寺正殿	五代	3	四	19	12	9.5 15：7.48	40×30 3：2.25	22×14.5 3：1.98
玉皇庙前殿	五代	3	五	21	13	10 15：7.13	45×40.5 3：2.70	24.5×17 3：2.08

从上表可以看出，这一时期三间殿用材情况。材高在 18 ~ 22 厘米之间，材宽在 12 ~ 16 厘米之间，五等材仅一例，多为六等材。五铺作斗栱材高分别为 20、20、21 厘米，材宽分别为 13、13、13.5 厘米。四铺作（含斗口跳）斗栱材高 18、18、19 厘米，材宽 12、12、12 厘米。用材实际尺寸非常接近，显示出个体用材尺寸虽不稳定，但用材的等级规制已表现出趋向统一和规范。栔高都超过宋《营造法式》的规定，四椽栿（三椽栿）高宽之比也大于 3：2 的制度，平梁的材尺与宋《营造法式》的规定接近。

2. 结构尺度比较

由于碧云寺正殿柱子全部被包入墙体内，许多重要数据无法获得。现根据可测得的主要尺寸，与现存同期等级接近的建筑的结构尺度进行比较分析如下：

唐、五代建筑结构尺度比较表

单位：厘米

名称	材等	椽架	泥道栱长	令栱长	举折	面阔与进深	出际	宋《营造法式》
广仁王庙大殿	六	四	91	○	1：3.54	1：0.43	78.5	76.8—89.6
天台庵弥陀殿	六	四	87	○	1：3.94	1：1	89.5	同上
龙门寺西配殿	六	四	93	○	1：4.00	1：0.67	93	同上
大云院弥陀殿	六	六	105	89	1：3.57	1：0.86	178	89.6—102.4
镇国寺万佛殿	五	六	102	90	1：3.79	1：0.93	135	98.65—112.46
碧云寺正殿	六	四	150	内长108	1：3.51	1：0.79	116.5	76.8—89.6
玉皇庙前殿	六	四	109	内长106.5	1：3.19	1：0.84	112.5	同上

说明：（1）○表示无令栱。（2）出际尺寸根据陈明达先生《营造法式大木作制度研究》第一章第六节"出际"表7所示的出际尺寸（尺/厘米，以32厘米为一尺）：五等材六架椽屋为3.08～3.52/98.56～112.64，六等材六架椽屋为2.80～3.20/89.6～102.4，六等材四架椽屋为2.40～2.80/76.8～89.6。

　　从上表可以得出如下结论：（1）泥道栱皆较令栱略长，显示出与宋《营造法式》规定泥道栱长62分、令栱长72分的截然相反的做法。（2）凡三间殿皆表现为略近方形或方形的趋势。（3）出际尺寸皆大于宋《营造法式》出际尺寸的规定。从以上的分析比较中不难看出，在五项细节比较中碧云寺正殿都表现出相同的趋势和相近的数值。特别是斗栱高度在四铺作斗栱的各例中为最高，超过了芮城广仁王庙正殿五铺作斗栱的高度。出际尺寸在四架椽屋中位居第一，超出宋《营造法式》规定最大值的30%。

（五）正殿的年代

　　通过上述的讨论分析，不难看出碧云寺正殿在诸多方面都表现出早期建筑的共同特征，同时也反映出一些承前启后的独特个性。对于其年代的判断，我们采用归纳、类比和排除的方法来进一步的分析和讨论：

碧云寺正殿特征比较表

比项	时代	唐	五代	辽	宋
构件特征	阑额不出头	√	√	√	√
	不施普拍枋	√	√	√	√
	栱瓣内颤	√	√	○	√
	皿斗		√		
	折线栱	√	√		
	梯形驼峰		√	√	

	时代 比 项	唐	五代	辽	宋
构件特征	隐刻驼峰		√	√	
	半栱式替木		√	√	
结构特征	叉手结构位置	√	√	○	
	内外柱同高	√	√	√	√
	大角梁斜置	√	√	○	√
	角椽平行法	√	√	○	
	斗栱承垫		√	√	√
	梁栿与斗栱搭交		√	√	√
	华栱与昂并出一跳		√		
	偷心造斗栱	√	√	√	√
	泥道栱长于令栱		√	√	
	泥道栱隐刻	√	√		
	近同特征项数	10	18	10	8

注：○表示情况不明。

据上表数据显示，碧云寺正殿表现出的时代特征按同项数排序，依次为五代 18 项、唐代 10 项、辽代 10 项、宋代 8 项。这反映出较多与唐、五代和辽代建筑相同的特征。从上述选项中我们再选择其与宋代共有的特征进行分析探讨，可以区分这些共有特征间的差异如下：

（1）阑额不出头。唐代四例皆循此制，五代七例（包括布村玉皇庙前殿和小张村碧云寺正殿）中仅有福州华林寺大殿的阑额至角柱出头，辽代十例只有大同华严寺壁藏和应县木塔阑额不出头，宋代早期四例沿袭唐制而使阑额至角柱不出头[13]。

（2）不施普拍枋。唐、五代仅有平顺大云院弥陀殿的栌斗下施普拍枋，辽代不施普拍枋的仅有蓟县独乐寺山门和观音阁，宋初只有高平崇明寺中殿的栌斗坐于柱头而不施普拍枋。符合"栌斗坐在柱头上，不施普拍枋，阑额不出头"特征的实例，唐、五代十一者有九[14]，辽代无一例，宋代四者有其一[15]。这些可以认为是判定正殿建筑时代最为直接的证据。

（3）大角梁斜置。其最早实例当属五台南禅寺大殿，参照日本奈良法起寺三重塔的角梁情况，可以认为这种大角梁斜置（搭压）于两架槫缝转角搭交点上，无仔角梁之设，翼角椽平行布列的做法无疑是古制。在国内现存的十一座唐、五代遗构中，大角梁平置者三例，情况不详者二例，大角梁斜置而平行法布角椽者七例。宋以后虽有斜置角梁者，但已不是主流，平行法布翼角椽者已不可见。由此可以肯定碧云寺正殿的做法当在五代之列。

（4）斗栱承垫。以斗栱为平梁下的承垫，分别出现在五代平遥镇国寺万佛殿（公元

963 年）和辽代蓟县独乐寺山门（公元 986 年）。虽同为斗栱隔架之法，却仍存差异。前者纵向之栱（华栱）在外将栱头斜杀（杀斜尾栱）与托脚斜切，实为半栱（或丁头栱的另类表现）。这种结构方式为宋、金所承袭。后者十字出跳之栱的纵向（华栱）以承梁栿，横向（令栱）以托攀间之枋，应为完整的纵横十字出跳承垫梁栿的斗栱。大同地区金代仍有沿用此制的实例[16]。碧云寺正殿在梁栿间连同丁栿上都施以与辽制相同的斗栱以为承垫。这使其有别于镇国寺万佛殿模式，在五代至辽的同类建筑中同中有异，堪称孤例。

（5）梁栿与斗栱搭交。梁栿伸入斗栱，栿底压于华栱上，栿背与昂斜切。这种结构之法自平遥五代镇国寺万佛殿开始（六椽栿、丁栿皆伸入斗栱）。此后用此法结构者还有福州华林寺大殿（所有乳栿伸入斗栱）、义县奉国寺大雄宝殿（四椽栿、乳栿皆入斗栱）、长子碧云寺正殿（四椽栿、丁栿皆施此构）和榆次永寿寺雨花宫。唐代遗存未见此结构之法，辽、宋其他实例中只在局部有所沿用，故而碧云寺正殿梁栿与斗栱的结构当为五代无疑。

通过上述的分析和讨论可以看出，碧云寺正殿所反映出的时代特征多与五代遗构相符合，同时遗有唐、辽的风格。例如，阑额、普拍枋的唐式做法，内外柱同高的唐、辽规制，斗栱承垫梁栿，泥道栱长于令栱等。该殿与宋代近同的做法皆是宋代初年对唐、五代制度的延续。据此可以肯定，碧云寺正殿是又一座五代建筑遗构的新发现。

注　释

［1］柴泽俊《山西几处重要古建筑实例》，《柴泽俊古建筑文集》，文物出版社 1999 年版。

［2］傅熹年主编《中国古代建筑史》第二卷，中国建筑工业出版社 2001 年版。

［3］祁英涛《河北新城县开善寺大殿》，《文物参考资料》1957 年第 10 期。

［4］梁思成《大同的两组建筑》，《图像中国建筑史》，百花文艺出版社 2001 年版。

［5］梁思成《大同古建筑调查报告》，《中国营造学社汇刊》第四卷第三、四期。

［6］辜其一在《乐山、彭山和内江东汉墓建筑初探》一文中指出：横栱产生之初"简化处理方法可能是用替木代替横栱"。此文刊载于《中华古建筑》，中国科学技术出版社 1990 年版。

［7］梁思成《独乐寺的两栋建筑物》，《图像中国建筑史》，百花文艺出版社 2001 年版。

［8］李会智《山西元代以前木结构建筑区域特征》，《山西文物建筑保护五十年》（初编），山西省文物局 2006 年主编。

［9］福州五代华林寺大殿同样"从角华栱外跳跳头开始做辐射状"，辐射起点与平遥镇国寺万佛殿最为近似。参见《傅熹年建筑史论文集》第 279 页，文物出版社 1998 年版。

［10］杨鸿勋《唐长安青龙寺真言密宗殿堂（遗址 4）复原研究》，《考古学报》1984 年第 3 期。

［11］张十庆《中日古代建筑大木作技术的源流与变迁》，天津大学出版社 2004 年版。

[12] 同 [8]。

[13] 此文中所选宋初四例为高平崇明寺中殿、游仙寺毗卢殿、陵川南吉祥寺前殿和长子崇庆寺千佛殿。

[14] 此文中没有包括的两例为福州华林寺大殿阑额出柱头，平顺大云院弥陀殿柱头施普拍枋。

[15] 此文中特别提到的一例为高平崇明寺中殿，阑额不出柱头，栌斗下未施普拍枋，沿袭唐制。

[16] 斗栱十字出跳（不做半栱）者，金代尚有大同善华寺山门和三圣殿等。

研究篇

RESEARCH

一　试析山西唐、五代建筑的结构特征

中国传统木结构建筑是以柱、斗栱与梁栿纵横叠架、穿插结构组成的构架体系。因此，斗栱和梁栿的结构堪称建筑的核心与灵魂。在对新发现的两座五代建筑布村玉皇庙前殿和小张村碧云寺正殿进行分析与研究后发现，唐、五代建筑的结构体系周密严谨，结构类型丰富多样。宋代对唐代建筑进行了有选择的继承并加以改良，建筑构架体系更趋向于规范化，形成了与唐、五代建筑不同的风格特征。由于唐、五代建筑存量甚少，并大多保存在山西，故在考察的同时也参照了外省为数不多的同期遗构。下面对这些实物所反映出的不同于其他时代的风格与特征进行初步分析。

（一）斗　　栱

1. 外檐柱头斗栱

已知的唐、五代建筑的外檐柱头斗栱可分为四种类型：Ⅰ型，七铺作双抄双下昂，分别位于五台佛光寺东大殿、平遥镇国寺万佛殿、福州华林寺大殿。除了耍头有所不同，形制完全相同，而且都在二跳计心并重栱。Ⅱ型，五铺作双抄偷心造，分别位于五台南禅寺大殿、芮城广仁王庙正殿、平顺大云院弥陀殿、正定文庙大成殿、长子玉皇庙前殿。Ⅲ型，斗口跳不出令栱，分别位于平顺天台庵弥陀殿、平顺龙门寺西配殿。Ⅳ型，四铺作华栱耍头并出一跳，仅见于长子小张村碧云寺正殿。Ⅳ型后世已不得见。Ⅲ型自辽代的大同华严寺海会殿以后绝少见到。Ⅱ型被后世沿用，但多数仅用于补间斗栱，用于柱头斗栱较少。Ⅰ型在后世遗构中双下昂斗栱大多数只出单抄（图三四）。

2. 外檐转角斗栱

斗栱在转角处正侧身与柱头斗栱基本相同。斗口跳者角华栱两侧泥道栱与华栱相列出跳。五铺作双抄出两跳者，一跳泥道栱与华栱相列出跳，二跳柱头枋与华栱相列，施令栱者皆连栱交隐，相列出跳。角华栱上有施角耍头或有由昂。七铺作双抄双下昂，二跳计心者瓜子栱相列华栱出跳，慢栱亦同，由二跳华栱承重栱。四跳跳头承角令栱与由昂相交，里转以多跳偷心承递角栿。布村玉皇庙前殿前檐未施令栱结构与芮城广仁王庙正殿近同，后檐施令栱与南禅寺大殿相一致，只是未施角耍头。列栱之法已成熟并普遍使用。

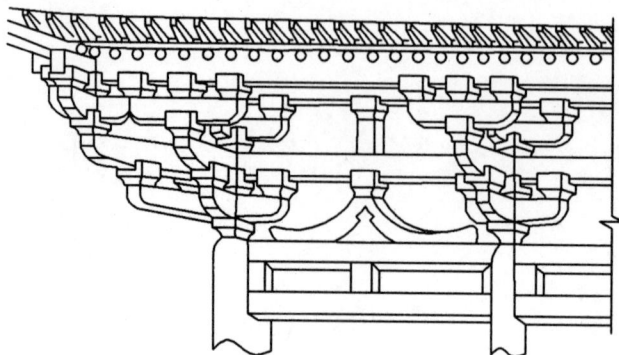

西安大雁塔门楣石刻（唐）
双抄

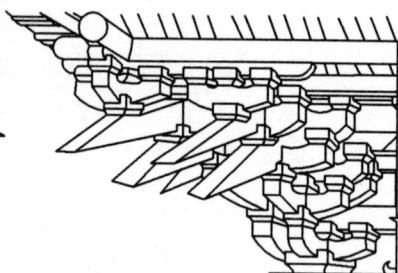

敦煌石窟第172窟壁画（唐）
双抄双下昂

剑川石窟第5窟（唐）
斗口跳

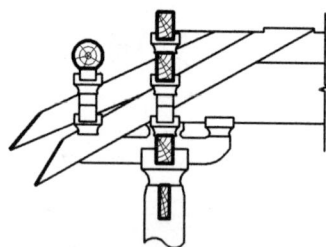

长子碧云寺正殿前檐柱头斗栱（五代）
栱昂并出一跳

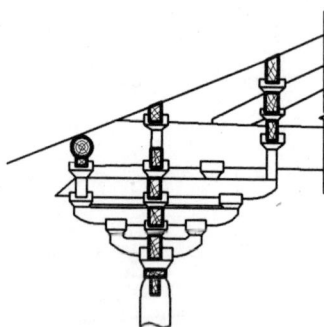

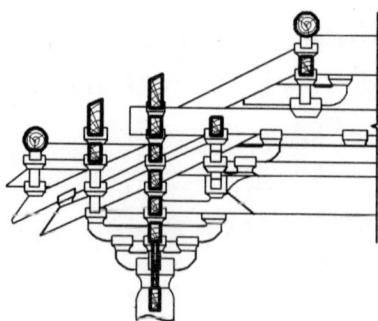

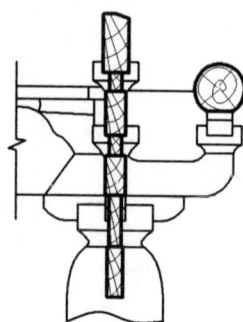

平顺大云院弥陀殿柱头斗栱（五代）平遥镇国寺万佛殿前檐柱头斗栱 平顺龙门寺西配殿柱头斗栱（五代）
　　　　双抄　　　　　　　　（五代）双抄双下昂　　　　　　斗口跳

图三四　唐、五代斗栱类型图

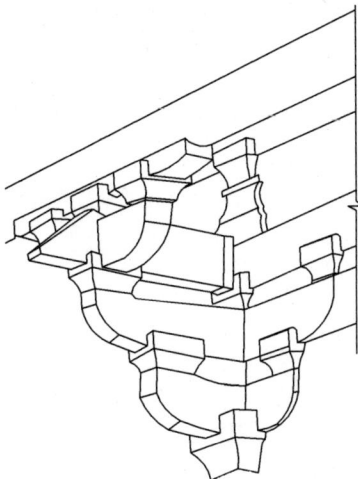

五台佛光寺东大殿（唐）

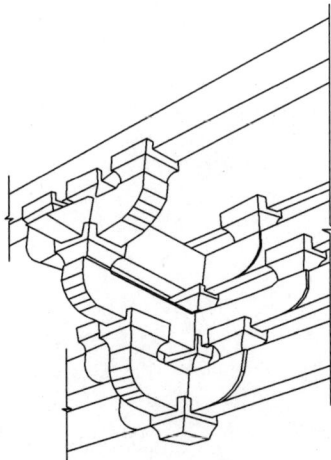

平遥镇国寺万佛殿（五代）

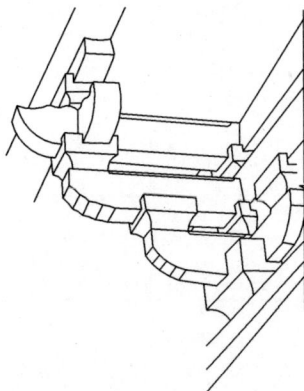

平顺大云院弥陀殿（五代）

图三五　唐、五代补间斗栱示意图

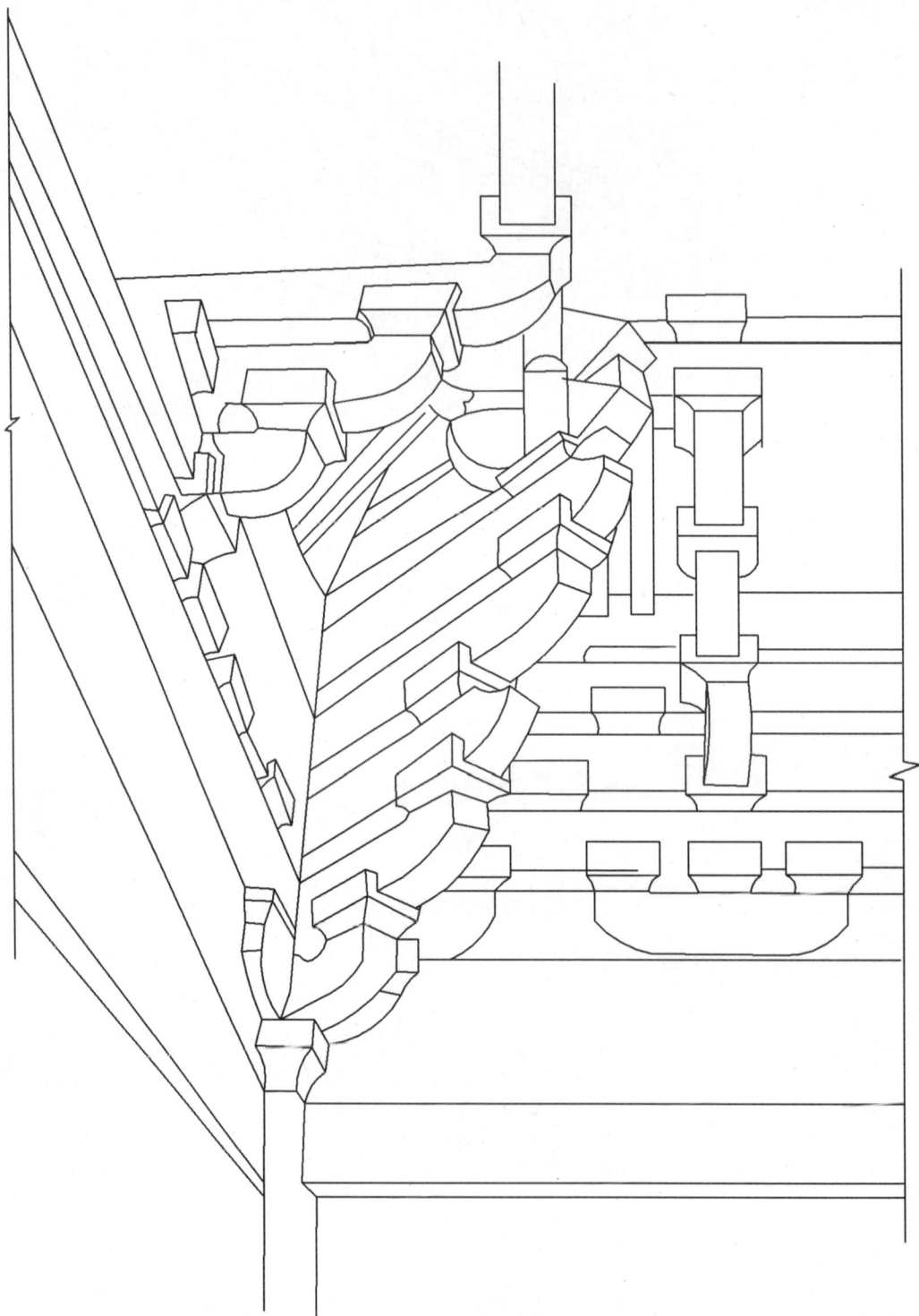

图三六　五台县佛光寺东大殿内檐转角斗栱示意图

3. 补间斗栱

十一座唐、五代建筑中用补间斗栱的有五例。五台佛光寺东大殿、平顺大云院弥陀殿、平遥镇国寺万佛殿都用一朵补间斗栱，形制结构一脉相承，均采用五铺作双抄偷心造，批竹形要头与令栱相交，仅五台佛光寺东大殿跳头用翼形横栱。福州华林寺大殿明间为双补间斗栱，余皆为单补间斗栱，形制与柱头斗栱相同，为双抄双下昂要头昂形。平顺天台庵弥陀殿前檐明间用补间斗栱一朵，亦斗口跳做法（疑为后添）。由此可以看出，补间斗栱在唐、五代时期只在斗栱等级较高的建筑使用（图三五）。

4. 内柱柱头斗栱

十一座唐、五代建筑中施内柱者有六例。除了正定文庙大成殿，另外五例皆施纵横十字出跳的斗栱以承梁栿。其中三例内外柱同高，别的平顺大云院弥陀殿内柱高于檐柱，福州华林寺大殿、正定文庙大成殿结构形制不同。

5. 里转斗栱与偷心造

偷心造是此时期建筑的重要特征。在十一座唐、五代建筑中里转斗栱皆逐跳偷心。五台佛光寺东大殿、福州华林寺大殿、长子小张村碧云寺正殿45°转角斗栱里转使用了连续五跳的华栱，皆偷心做法。由此可见，斗栱里转全偷心做法是唐、五代建筑的通例（图三六）。辽代早期建筑沿袭唐制，亦有使用全偷心造的斗栱。例如，蓟县独乐寺山门等。

6. 扶壁栱

唐、五代扶壁栱有三种类型：其一，平顺天台庵弥陀殿、平顺龙门寺西配殿外檐柱头缝大斗口内第一层出素枋隐刻泥道栱，其上再施素枋，间以小斗相隔。在天龙山唐代窟檐和长子法兴寺唐大历八年（公元766年）燃灯塔塔檐皆表现出柱头缝第一层出素枋。北朝后期和隋代陶屋就表现出相类似的结构，当属"素枋垒叠"的井干式结构。更早的表现可以从汉阙中看到。其二，芮城广仁王庙正殿柱头缝第一层施泥道栱，二层施素枋，枋上再施泥道栱、素枋（或压槽枋），福州华林寺大殿亦此做法。在西安大雁塔门楣线刻和日本奈良药师寺东塔（公元730年）都有此做法。长子小张村碧云寺正殿第一层为素枋，第二层为泥道栱，第三层施素枋。第一层施素枋与平顺天台庵弥陀殿同，但二层再施泥道栱。此类属"单栱素枋重复垒叠"结构。其三，五台南禅寺大殿和其余六座遗构皆于柱头缝第一层施泥道栱，其上垒叠数层素枋（最上有施压槽枋者），间以小斗隔承的做法。最少者五台南禅寺大殿叠两层素枋，最多者平遥镇国寺万佛殿垒以五层素枋，是为"单栱素枋多层垒叠"结构。此法在日本奈良法起寺三重塔（公元706年）二层檐下有所表现。有学者认为"单栱素枋重复垒叠"是唐初做法，而"单栱素枋多层垒叠"是中唐以后做法。日本飞鸟时代（公元672~706年）代表性建筑法隆寺金堂、中门、五重塔都是"单栱素枋多层垒叠"的扶壁栱。这种井干扶壁的结构在汉阙中已广泛应用，"应该说这种重叠多层柱头枋状如井干"的做法不会间断。"素枋垒叠"、"单栱素枋重复垒叠"、

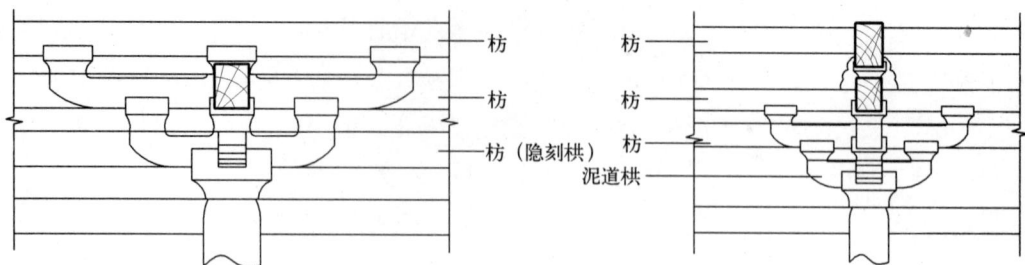

平顺唐代天台庵弥陀殿
素枋垒叠

五台唐代南禅寺大殿
单栱素枋多层垒叠

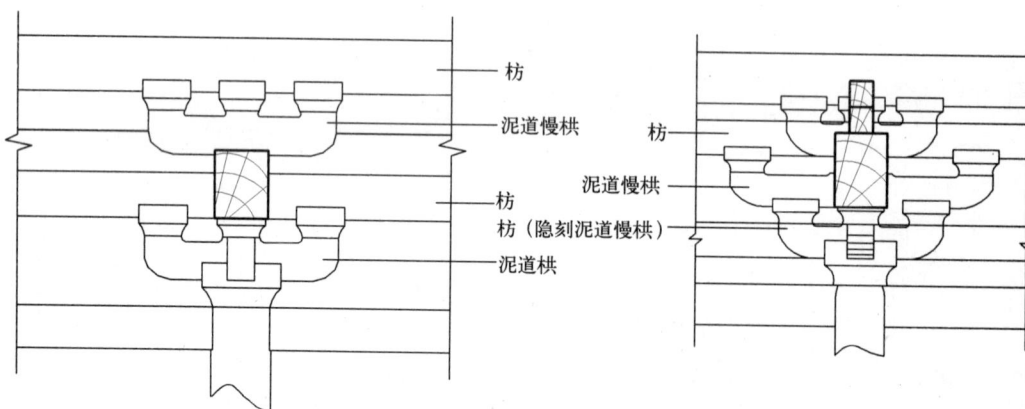

芮城唐代广仁王庙正殿
单栱素枋重复垒叠

长子五代碧云寺正殿
单栱素枋重复垒叠

图三七　唐、五代扶壁栱类型图

双抄出跳

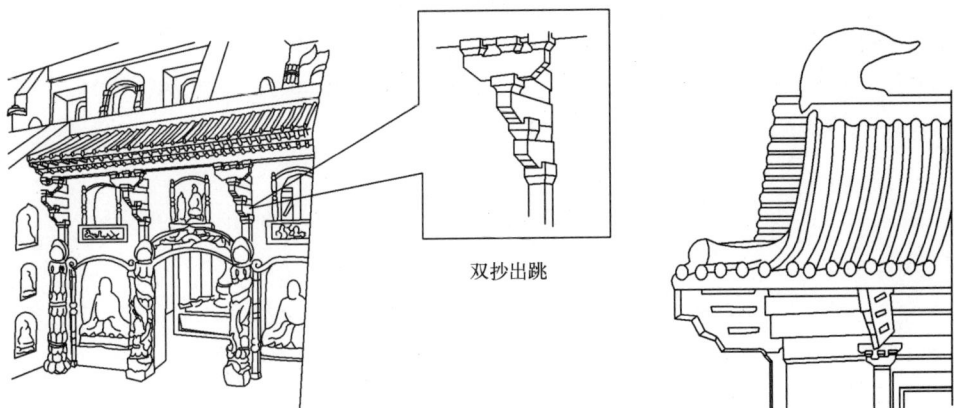

磁县南响堂山石窟第1窟北齐窟檐建筑

隋代陶屋·三抄出跳

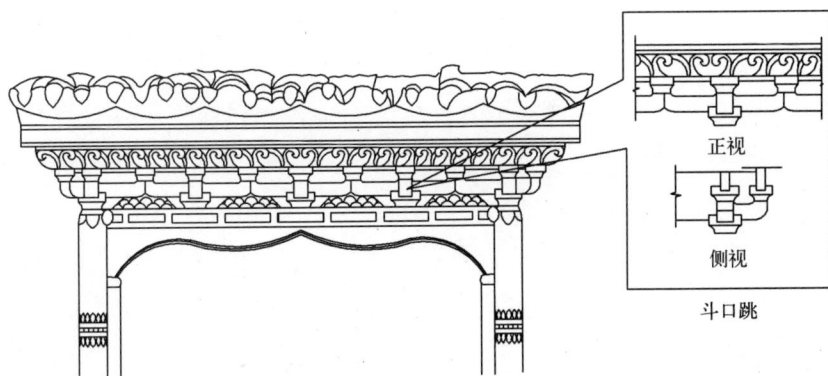

正视

侧视

斗口跳

剑川石窟初唐第5窟

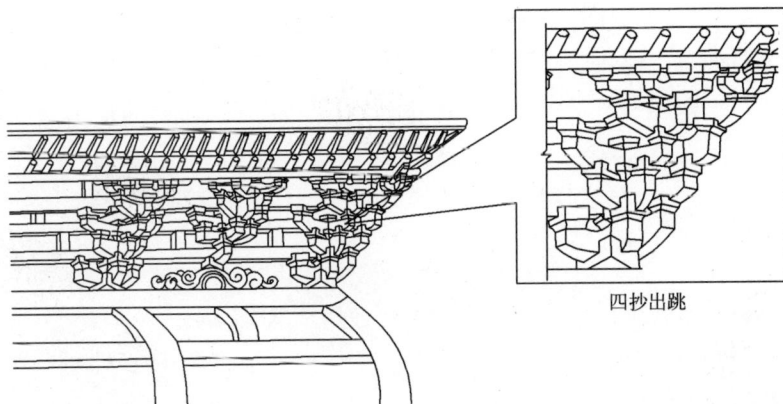

四抄出跳

敦煌莫高窟盛唐第454窟

图三八　南北朝至唐出跳华栱示意图

"单栱素枋多层垒叠"这三种结构方式都是从汉代已有的"井干式"结构演化而来的，是今天能看到的唐、五代扶壁栱的主要结构方式。从现存遗构的使用和后世承袭的情况看，唐中期以后较普遍地采用了"单栱素枋多层垒叠"结构，并成为后世扶壁栱的主要结构方式（图三七）。

从现存唐、五代时期木构建筑实例所反映出的斗栱类型，除了把头交项作和连续三跳的华栱没有实例，基本涵盖了初唐、盛唐、中唐壁画中所表现的斗栱类型。从发展的序列看，最先出现的应是斗口跳。这种斗栱类型在汉代明器、陶楼的挑檐结构中已成雏形，在初唐的剑川石窟第 5 窟窟檐有真实的表现，在敦煌第 329 窟平座和屋檐下也有逼真反映，延至辽代的大同华严寺海会殿，在北宋的苏州双塔西塔塔檐和虎丘云岩寺塔檐仍有表现。五铺作双抄做法是实例中使用最多的。它应该是斗口跳的改良做法，就是在出跳的栿下增设华栱一层，既增加了斗栱高度，又增长了出檐。从北齐南响堂山第 1 号窟窟檐的双抄出跳承檐，到隋代陶屋连续三跳挑檐，再到敦煌莫高窟第 454 窟七铺作连续四跳的出檐，无疑是当时流行的斗栱结构类型。此法在后世已极少用于柱头斗栱，多在补间斗栱使用，而且出跳逐渐减少，宋以后出现计心做法（图三八）。

七铺作双抄双下昂是实例和唐代壁画中所表现的最高等级的斗栱。入宋的高平崇明寺中殿（公元971年）依然沿用此法。此后的高平游仙寺毗卢殿（公元 990~994 年）、长子崇庆寺千佛殿（公元 1016 年）、陵川南吉祥寺前殿（公元 1030 年）以及大多数宋代用昂的斗栱都采用五铺作单抄单下昂和耍头昂形的做法。它成为山西地区宋、金、元三代用昂斗栱的主流做法。长子小张村碧云寺正殿四铺作单抄与下昂并出一跳做法是特例，在唐以前和以后均未再见到一例。从结构上看是华栱出一跳，上施下昂，但昂与华栱斜切并出一跳，仍应属四铺作，是宋《营造法式》中四铺作用华栱或下昂的合并做法。

7. 耍头与衬方头

耍头和衬方头是斗栱的结构构件和组成部分，但在唐、五代建筑中耍头与衬方头齐全者仅有平遥镇国寺万佛殿一例。正定文庙大成殿为劄牵头做耍头，反映出五代时如宋式铺作的概念尚未形成。耍头和衬方头是宋式铺作层中的基本结构层。所谓"出一跳谓之四铺作"，就是由栌斗、一跳（华栱）、耍头、衬方头构成四铺作的斗栱。"传至五跳"为八铺作。长治地区到金代已出现较多由栿头伸出与令栱相交，取代耍头、衬方头的做法。时至元代，此做法更为流行（参见下表）。

唐、五代耍头、衬方头使用情况表

名称	时代	耍头	衬方头	批竹形	昂面起棱	平嘴	尖嘴	平出	斜出
南禅寺大殿	唐	√		√		√		√	
广仁王庙大殿	唐		疑似衬方头						

续表

名称	时代	要头	衬方头	批竹形	昂面起棱	平嘴	尖嘴	平出	斜出
佛光寺东大殿	唐	√				√		√	
		√		翼形				√	
		角		√		√			√
天台庵弥陀殿	唐								
龙门寺西配殿	五代		√						
大云院弥陀殿	五代	√		√		√		√	
		√		翼形				√	
		角		√		√			√
镇国寺万佛殿	五代	√	√	√		√		√	
		角		√		√			√
华林寺大殿*	五代	√		翼形					
文庙大成殿	五代	√		蚂蚱形				√	
		角	√		√		√		√
碧云寺正殿*	五代	√		√	√		√		√
玉皇庙前殿*	五代	√		√	√		√		√

注：①"＊"为昂式要头。　②玉皇庙前殿另有平出、斜出两种要头。

（二）翼角结构

翼角是传统建筑中非常重要的结构部位。它在工程方面要承接两坡交汇的结构和荷载，在美学方面要关乎建筑的外观和形体。这其中角梁的结构方式起着决定性的作用。正因为角梁结构的不同，形成了传统建筑时代性和地域性的风格特征。这一时期的木构遗存很少，几乎都集中在山西，故而在比较学上能形成可比性的只有日本保存的唐式遗构。

1. 角梁结构

山西唐、五代遗构和宋代早期遗构的翼角结构情况可以分为两种结构类型：Ⅰ型，大角梁梁首上置放仔角梁，大角梁首尾压于檐槫、平槫的交汇点上，角梁呈前低后高的斜置状态，即所谓"压金"做法。采用此结构方式的有五台南禅寺大殿（无仔角梁）、五台佛光寺东大殿、平遥镇国寺万佛殿、平顺大云院弥陀殿和长子碧云寺正殿。Ⅱ型，大角梁首置仔角梁，腰部设隐角梁斜搭于平槫交汇点。此结构被称为"扣金造"。大角梁首压于檐槫交汇处，尾置于平槫交汇点以下。采用此结构方式的有芮城广仁王庙正殿、平顺天台庵弥陀殿、长子玉皇庙前殿和高平崇明寺中殿（公元971年）以及高平游仙寺毗卢殿（公元990～994年）等。平顺天台庵弥陀殿将大角梁尾插入四椽栿和平梁的蜀柱间的做法，被称为"插金法"。此做法略有不同，但与平置法属同类结构。

　　两种不同的角梁结构，决定了工程尺寸的相异，使翼角曲度尺寸产生变化。Ⅱ型平置角梁，其梁头与正身椽飞高差尺寸增大，形成起翘高于Ⅰ型斜置角梁的翘起。由此可见，角梁的结构位置对翼角起翘高度起决定作用。在同样结构条件下，角梁的材高不同，起翘会产生微量的高差。曲线的平缓、急促是由起翘的起点位置来决定的（就是由生头木的起点位置决定的）。江南流行的起翘很高的翼角，实际上就是采用了升高仔角梁和"嫩戗"的做法（图三九）。

　　从更早的实物看，屋角没有起翘。其伸出的角梁头与椽头尺寸一致，高度无甚差异。南北朝遗物中已有屋檐起翘的表现。从北齐义慈惠石柱的屋檐上可以看到大角梁的尺度明显大于檐椽（图四〇）。

　　现存的唐、五代遗构大多采用了Ⅰ型的斜置角梁法，而宋初遗构多用Ⅱ型的平置法。从建筑的外形看，唐、五代屋檐平直而起翘甚微，宋初相对陡峻急促。可以肯定，斜置角梁是唐、五代建筑的主要结构形式。它成就了屋檐平直、起翘和缓的外形风格，具有鲜明的时代特征。

　　2. 翼角椽的布列

　　古建筑的屋面是最易受损的部位，因此维修的次数也最多，是结构原真性和历史信息最易受到干扰与破坏的部位。现存遗构的翼角部位大都经过后世的修葺，极有可能被后世所改造，但也不排除基本保持了原状的修缮。这一点我们可以从平顺大云院弥陀殿以后再也不曾见到平行布角椽这一早期做法的实例得到证实。从北魏云冈石窟塔檐和北齐义慈惠石柱屋檐等早期实物中反映出的翼角椽布列方式有平行和斜列（辐射）两种形象，但只能看到檐槫以外的情况，内部结构无法了解（图四一）。平行布椽的实例在国内木结构遗物中已不得见，辐射状斜列椽法在外檐看从五台南禅寺大殿到平顺大云院弥陀殿无甚差别。

　　在对长子碧云寺正殿角椽布列方式的分析时，通过对日本"唐式"建筑和国内现存唐、五代遗构的考察比较发现，实物中保存有四种翼角椽布列方式：Ⅰ．并列平行布椽法。实例为日本奈良法起寺三重塔，角椽自角梁尾始至梁首，都与正身椽平行并列，最后一根椽也不贴角梁，每根椽尾都独立搭扣在角梁的凹槽内。Ⅱ．并列辐射布椽法。实例有五台南禅寺大殿和佛光寺东大殿的角椽布列，椽尾与平行并列布椽法相同，每椽均独立搭扣于角梁上的凹槽内，椽子过正身后开始逐渐顺角梁方向外撇呈辐射状，角梁头两侧最后一根椽的椽尾斫斜，顺贴于角梁两颊，出檐槫看与后世的布椽无甚区别。Ⅲ．扇骨状辐射布椽法。实例为大云院弥陀殿角椽的布列方式。其做法自下平槫交接点始，角椽尾斫斜面，每椽相靠斜贴角梁，似折扇打开，扇骨尾根根相贴，扇骨首辐射状散开。这是自五代以后普遍采用的翼角布椽做法。Ⅳ．平行辐射复合布椽法。实例有平遥镇国寺万佛殿、长子碧云寺正殿、平顺天台庵弥陀殿。其做法是其角椽过下平槫正身后，如同日本奈良法

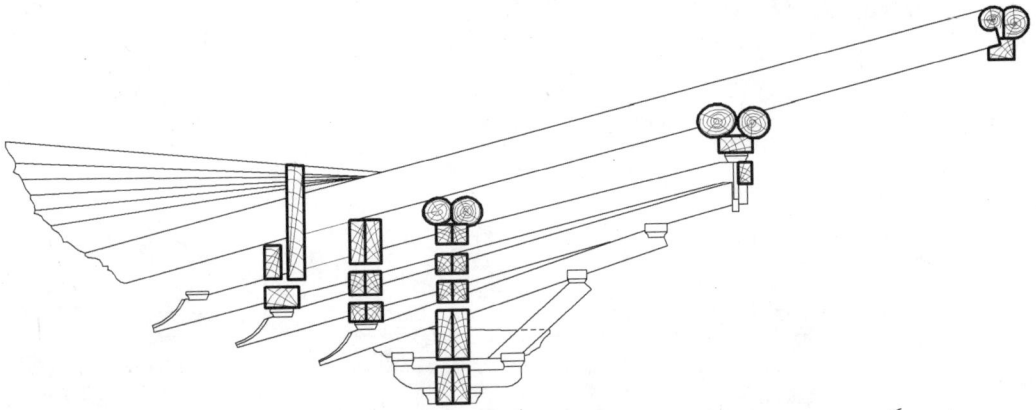

金华天宁寺

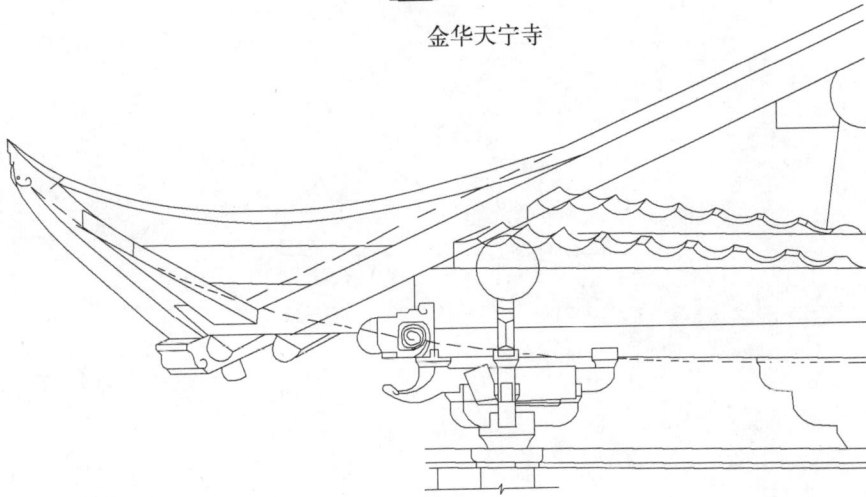

戗角木骨构造

图三九 江南流行的"嫩戗"角梁做法示意图

大角梁头

图四〇　定兴县北齐义慈惠石柱柱头石屋示意图

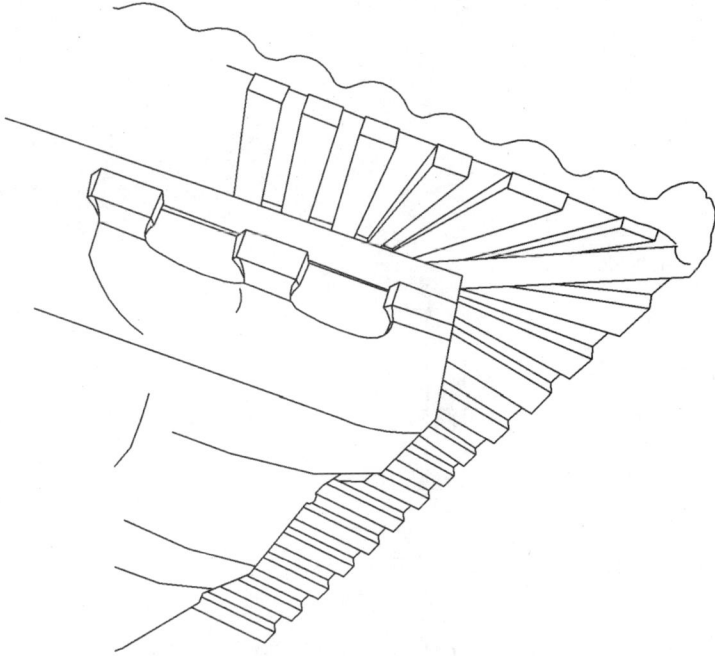

大同北魏云冈石窟第 2 窟中心塔柱辐射布椽

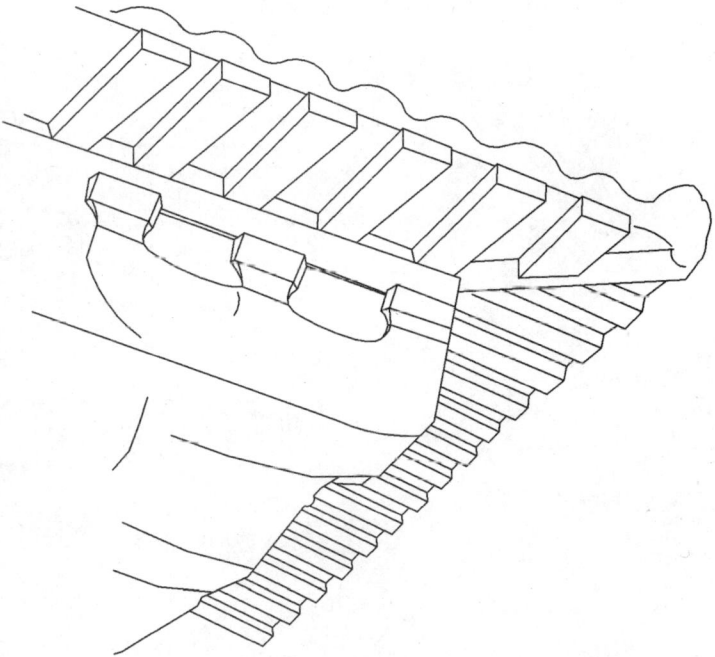

大同北魏云冈石窟第 1 窟中心塔柱平行布椽

图四一　南北朝翼角椽布列方式示意图

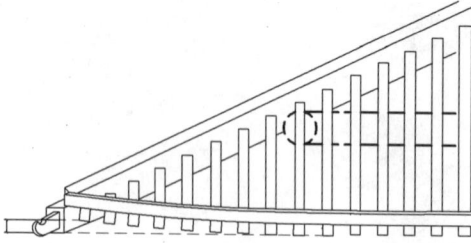

日本法起寺三重塔并列平行布椽法

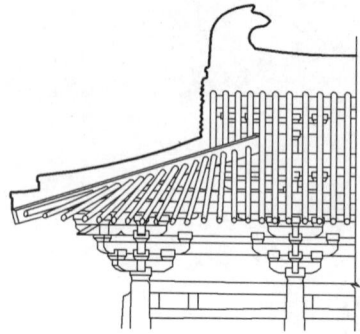

五台南禅寺大殿并列辐射布椽法（唐）

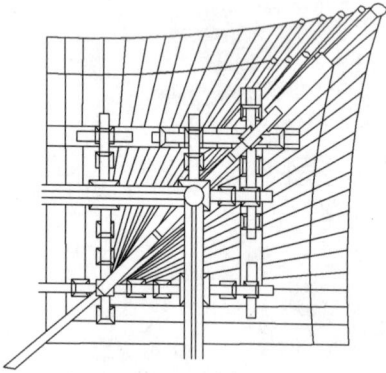

平顺大云院弥陀殿扇骨状辐射布椽法（五代）

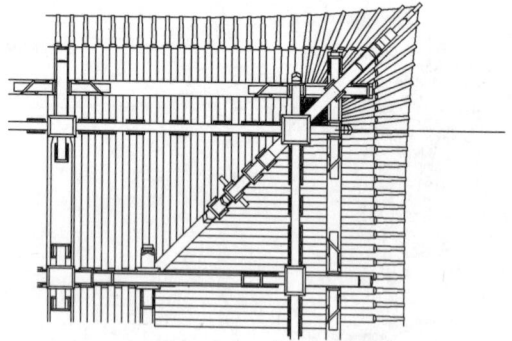

长子碧云寺正殿平行辐射复合布椽法（五代）

图四二　唐、五代翼角布椽类型图

起寺三重塔布椽法，翼角椽平行并列，椽尾每根独立平行排列，搭扣于角梁上的凹槽内。平顺天台庵弥陀殿自下平槫过正身第五根椽起外撇，长子碧云寺正殿自栌斗起外撇，平遥镇国寺万佛殿出檐槫后角椽外撇。此后采用扇骨状布椽，椽尾斜杀后根根相贴于后尾，呈辐射状散开。此法是采用了第一类和第三类两种布椽法相结合的布椽方式，从檐外看与五台南禅寺大殿和平顺大云院弥陀殿角椽几无差异。虽然屋顶经过后世修缮，但可以肯定此三座唐、五代遗构所保留的布角椽方式是当时普遍采用的一种布角椽的结构方式，是唐代至宋代翼角布椽法的过渡形式（图四二）。从敦煌 427 窟（公元 970 年）、431 窟（公元980 年）的木构窟檐可以看到自栌斗起角椽尾相贴，椽头开始向角梁方向外撇，与长子碧云寺正殿结构做法完全一致。第 437 窟（公元 970～974 年）窟檐角椽从平槫起（角柱与檐柱间补间中线），椽尾斫斜后根根相贴于角梁，椽头向角梁方向外撇，呈辐射状散开，与平顺大云院弥陀殿布角椽的方式近同。此是后世传统建筑角椽布列方法的基本定式，现存宋代以后的遗构均无例外。这种"镇国寺式"平行辐射复合布椽法，无疑是唐、五代时期的特有做法，更是宋式布角椽方式的启蒙和过渡（参见下表）。

角梁结构和翼角布椽实例表

名称	时代	角梁斜置	角梁平置	平行椽	平辐复合椽	扇形椽
南禅寺大殿	唐	√		√		
广仁王庙大殿	唐		√			√
佛光寺东大殿	唐	√		√		
天台庵弥陀殿	唐		√*		√	
龙门寺西配殿	五代	——	——	——	——	——
大云院弥陀殿	五代	√				√
华林寺大殿	五代	○	○		√	
镇国寺万佛殿	五代	√			√	
文庙大成殿	五代	○	○	○	○	○
碧云寺正殿	五代	√			√	
玉皇庙前殿	五代		√			√

注： ——不厦两头结构　○情况不详　*疑被后世改制。

（三）脊部结构

1. 唐、五代脊部做法

脊槫下施替木、小斗、令栱，两侧设叉手于令栱下闭合，替木下小斗坐在叉手之上。五台南禅寺大殿和佛光寺东大殿、芮城广仁王庙正殿皆是此构。芮城广仁王庙正殿令栱下

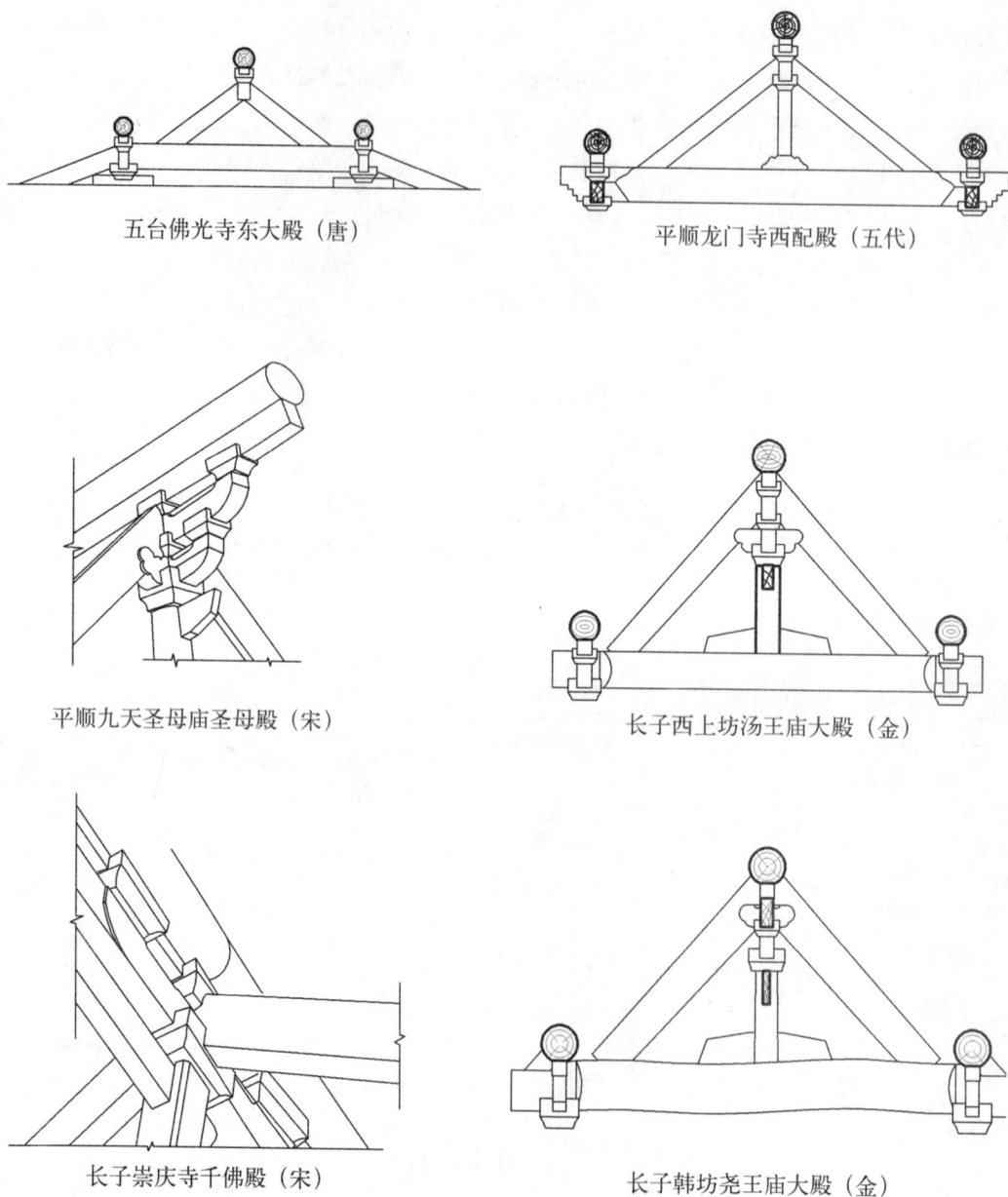

五台佛光寺东大殿（唐）

平顺龙门寺西配殿（五代）

平顺九天圣母庙圣母殿（宋）

长子西上坊汤王庙大殿（金）

长子崇庆寺千佛殿（宋）

长子韩坊尧王庙大殿（金）

图四三　唐至金叉手位置示意图

有小斗、侏儒柱，柱下无驼峰，平顺天台庵弥陀殿侏儒柱下施驼峰。一般认为唐式无侏儒柱之设，此二殿侏儒柱为后世添加的可能也是存在的。

　　进入五代，脊部加设侏儒柱已成定式，柱头设置小斗，柱下有低矮的驼峰。叉手的位置依然在令栱两侧，叉手略向上移，使令栱下小斗底嵌于叉手之内，由此形成唐与五代的差异。尚未出现丁华抹颏栱，出现了连身对隐的捧节令栱。平顺龙门寺西配殿明间两缝令栱连身对隐。平顺大云院弥陀殿与山面出际令栱连身对隐。明间柱间设顺脊串。长子碧云寺正殿明间与出际令栱连身对隐。长子玉皇庙前殿四缝连身对隐，并设四缝通间的顺脊串。平遥镇国寺万佛殿在每一缝槫下设一材的攀间枋，上平槫下设两层，显然强化了纵架的连接。

　　2. 宋、金脊部做法

　　宋代以后，叉手位置开始上移，并出现了丁华抹颏栱。高平崇明寺中殿叉手上端已叉在替木下小斗的欹颊位置，与五代做法近同，未使用丁华抹颏栱。高平游仙寺毗卢殿叉手位置与崇明寺中殿一致，已出现了丁华抹颏栱。时至平顺九天圣母庙圣母殿（公元1100年），令栱下小斗斗平以下完全嵌入叉手上端。

　　降至金代，建于金皇统元年（公元1141年）的长子西上坊汤王庙大殿的叉手上端已触及脊槫，叉于脊槫与替木之间。此后，金兴定三年（公元1219年）的尧王庙大殿的叉手上端已扣至脊槫中部，元代至正元年（公元1341年）所建黎城县西下庄昭泽龙王庙大殿的叉手已完全包扣于脊槫。很显然，叉手的结构位置变化反映出鲜明的时代特征，具有时代越晚越往上移的特点（图四三）。

（四）梁　栿

　　1. 月梁做法

　　福州华林寺大殿的月梁为梁背有卷杀（肩），底有入颏，恰如宋《营造法式》的规制。五台佛光寺东大殿略接近此做法。山西其他几座遗构的梁栿背底无卷杀和入颏，仅于梁栿端部刻成月梁式样，由此形成山西唐、五代建筑月梁做法的特征。

　　2. 梁栿间结构

　　从现存唐、五代遗构中可以看到平梁与下栿间的隔承结构有三种：Ⅰ. 斗栱隔承，即栿背上坐大斗，斗口内出纵横十字相交出跳的斗栱，纵向承平梁，横出的栱托上平槫对接点下的替木、令栱。采用此结构形式的有平遥镇国寺万佛殿、福州华林寺大殿和长子碧云寺正殿。从实例的表现可以肯定是唐、五代已有的隔架方式之一。平遥镇国寺万佛殿和福州华林寺大殿在纵向所出栱的外侧都有变化，或直截，或做斜杀栱头，是一种异形的表现，或结构所需。惟长子碧云寺正殿是完整出跳的栱。前两例都被后世所承袭，如宋初的

平梁

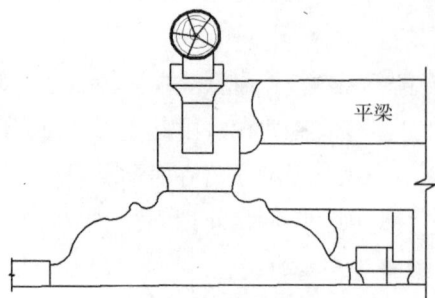

五台南禅寺大殿（唐）
驼峰隔承

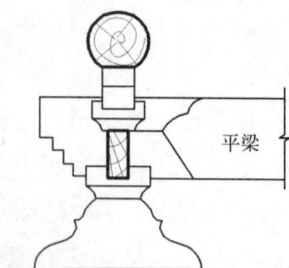

平梁

平顺龙门寺西配殿（五代）
驼峰隔承

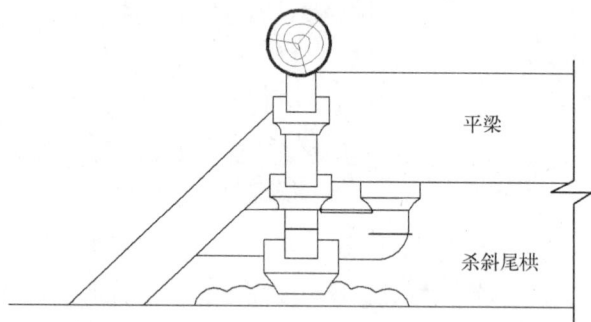

平梁

杀斜尾栱

平遥镇国寺万佛殿（五代）
斗栱隔承

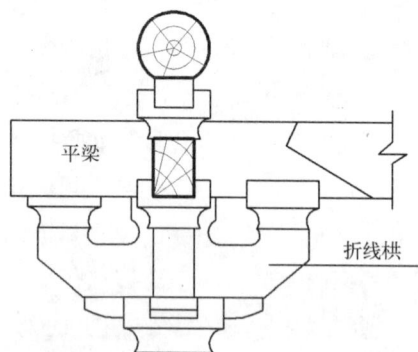

平梁

折线栱

长子碧云寺正殿（五代）
斗栱隔承

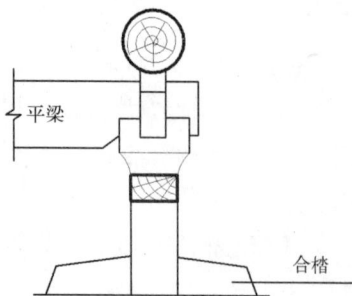

平梁

合楷

高平崇明寺中佛殿（宋）
蜀柱隔承

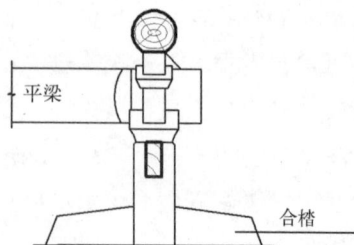

平梁

合楷

长子西上坊汤王庙大（金）
蜀柱隔承

图四四　唐、五代梁栿间承垫示意图

高平崇明寺中殿到宋中期的太原晋祠圣母殿，凡隔架施斗栱者均此类（栱尾斜切做法）。长子碧云寺正殿的样式只在辽代建筑中有所反映，如蓟县独乐寺山门。Ⅱ. 驼峰隔承，即在栱背上施驼峰，上设大斗承接平梁头，横向出栱以承平榑。这一结构方式是唐、五代建筑所普遍采用的方式，在晋东南地区以外的晋北、晋中、晋南部沿用至宋、金、元三代。Ⅲ. 蜀柱隔承，实例有晚唐的平顺天台庵弥陀殿、宋初的高平崇明寺前殿，此后成为晋东南地区宋代至元代建筑隔架的主流模式，并被普遍采用（图四四）。对于平顺天台庵弥陀殿蜀柱的设置尚有不同的观点。据说，对其维护的方案正在编制中，希望能有新的发现和结论。

前两种隔承方式，一种是斗栱隔承，一种是驼峰隔承，无疑都为唐、五代所用。从实例中反映的情况看，平遥镇国寺万佛殿所表现的结构是驼峰和斗栱的组合结构。此法成为宋代以后使用斗栱隔承的主要结构形制。

（五）梁栿与斗栱的结构关系

传统建筑的斗栱和梁架结构的发展与演变，一直是建筑史学的重要研究课题。由于唐以前的木结构建筑在国内还没有实例可寻，因而主要是以汉阙、明器、陶楼、陶屋、墓葬、壁画、石窟寺的窟檐以及日本飞鸟时期的遗构做为研究的参照物。从山西现存的唐、五代木构实物看，已经是非常成熟的结构方式和技术手段。其所反映出的梁栿与斗栱的结构关系，可以分为三个种类五种形式：

1. 梁栿与斗栱组合结构

此类结构的主要特征是梁栿伸入斗栱后延长伸出檐外制成华栱，由此成为斗栱的结构性构件和斗栱的组成部分。这种结构方式是原始撑檐结构方式的延续。从汉代出跳撑檐的结构看，一是独立出跳的栱，其上施一斗二升或一斗三升承檐额。其结构是出挑的栱插入柱中，也可能是墙体中；二是梁头伸出撑檐。据学界对汉代和北魏建筑结构的研究成果显示，其时的结构情况是以墙体做为支撑承载屋重的纵架结构方式，以柱和檐额承托屋檐，显露的梁头可能是剳牵或类似丁栿、乳栿的构件伸至檐下的表现。时至隋代，在陶屋上出现了连出三跳的栱撑檐。根据唐代遗构中斗口跳和四椽栿或乳栿头制成二跳华栱挑檐的结构方式推断，在窟檐和陶屋多层出跳的华栱中肯定有梁栿伸出制成的华栱。

这一推论在敦煌第 427、431、437、444 窟窟檐的结构表现可以得到充分的证实。这几座窟檐能够反映唐代结构的某些特征，是得到学界普遍认同的。第 427 窟窟檐（公元 970 年）乳栿和剳牵伸出檐外做二跳、三跳华栱，第 437 窟窟檐（公元 974 年）乳栿伸出做二跳华栱，第 444 窟窟檐（公元 976 年）乳栿伸出做二跳华栱，第 431 窟窟檐（公元 980 年）乳栿伸出做二跳华栱。南北朝至隋代是梁栿由纵架向横架的变革时期。这种转变开启了斗栱与梁架的结合，而最初的形态就是梁栿伸出来做出跳的华栱。延至唐代，它成为昂出现以前的主要结构方式。此做法使柱、梁、斗栱在檐部形成"组合式"结构。宋代以后，这种结构方式基本消失。昂的大量应用从敦煌壁画的反映来看是在盛唐时期，大多是双抄双下昂的形制。五台佛光寺东大殿和应县木塔等较早的用昂结构，依然采用了梁栿伸出檐外做二跳华栱的结构方式。这种梁栿与斗栱组合的结构方式无疑是古制。

在具体的实例中，此类构造有三种表现形式：Ⅰ.梁栿伸入斗栱后延至檐外承檐槫，跳头不施令栱，为斗口跳做法。大斗口沿柱头正心出素枋，与隋代陶屋做法很相似，是斗口内承大额的遗痕。实例有平顺天台庵弥陀殿、平顺龙门寺西配殿和辽代大同华严寺的海会殿。这无疑是一种古老的结构方式。Ⅱ.梁栿伸出檐外制成二跳华栱，跳头施令栱或通间枋木、替木承檐槫。实例有五台南禅寺大殿、芮城广仁王庙正殿、长子玉皇庙前殿。Ⅲ.这种结构类型的另一种做法是五台佛光寺东大殿的斗栱七铺作双抄双下昂。其副阶明乳栿之首伸出檐外做外檐二跳华栱，尾伸过内柱亦制成里转的二跳华栱。外檐二跳上施双下昂，昂尾压于草乳栿下。从敦煌唐代壁画的建筑形象反映，盛唐时两层的下昂已普遍使用，但其尾部的结构无从知晓。实例中早于五台佛光寺东大殿的日本"飞鸟时代"建筑的"尾垂木"虽具有昂的功能，尚不是真正的昂。五台佛光寺东大殿规制较高，被视为唐代"准宫式"建筑。可以认为在唐代这种梁栿伸出檐外制成华栱的做法，是木构架结构的主流形制。

2. 梁栿与斗栱搭交结构

进入五代，梁栿伸入斗栱已不伸出檐外做华栱出跳，梁栿的项首之底压在斗栱铺作层上。其背与昂身斜切，采用了"搭交式"构造。此后只在宋代初期的遗构中有所沿袭。从宋中期以后的实例来看，这种结构方式只在某个部位有所应用。

建于五代后汉天会七年的平遥镇国寺万佛殿，殿身三间却使用了与面阔七间的五台佛光寺东大殿规格相同的七铺作双抄双下昂斗栱，能够反映五代较高等级建筑的规制。其六椽栿为两层，第一层压在二跳华栱上，栿背与昂身斜切，契合于栱昂间，与斗栱结构密切，但其栿头已不作为斗栱构件的一部分。昂尾依旧压于草栿（二层六椽栿）下，与五台佛光寺东大殿梁栿与斗栱的"组合式"结构已有了本质的区别。同期的长子碧云寺正殿四椽栿项首伸入前后檐里转的斗栱中，底压于斗栱层，背与昂尾斜切，是完的梁栿与斗栱"搭交式"结构。后世完整的搭交结构仅见于北宋榆次永寿寺雨花宫（公元1108年）和辽代义县奉国寺大殿（公元1020年）。此后的高平开化寺大雄宝殿（公元1073年）后檐乳栿做法、少林寺初祖庵（公元1125年）前檐乳栿做法、应县木塔（公元1056年）二、三层乳栿做法和文水则天庙圣母殿（公元1145年）四椽栿与乳栿做法都是在局部使用了"搭交式"做法。由此可以认为，它是五代至宋初梁栿与斗栱结构的特征。

3. 梁栿与斗栱搭压结构

五代同时出现了梁栿脱离斗栱，并完全压在斗栱铺作层上的做法，梁栿与斗栱形成

1.组合式

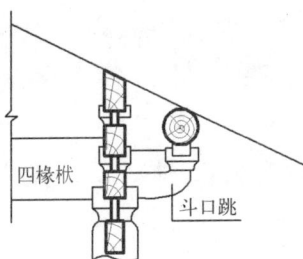

平顺天台庵弥陀殿（唐）　　　　五台佛光寺东大殿（唐）　　　　长子玉皇庙前殿（五代）

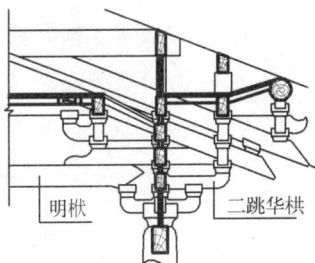

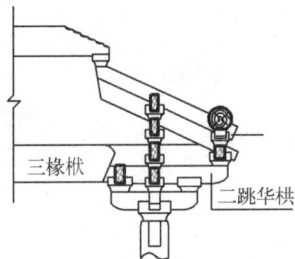

2.搭交式

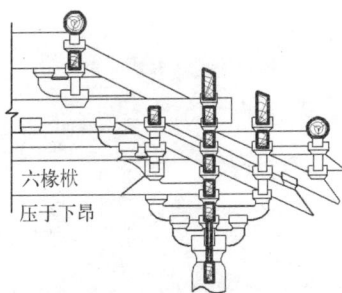

平遥镇国寺万佛殿（五代）　　　　长子碧云寺正殿（五代）

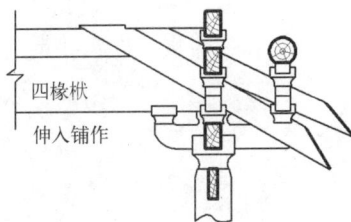

3.搭压式

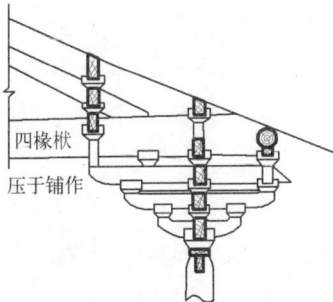

平顺大云院弥陀殿（五代）　　　　高平游仙寺毗卢殿（宋）

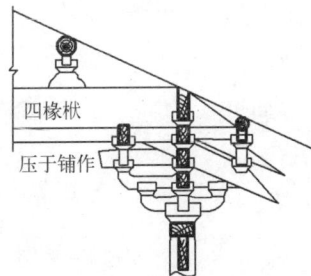

图四五　唐、五代、宋梁栿与斗栱结构示意图

"搭压式"结构，斗栱与梁栿分离为两个结构层。从宋初至元代，这种梁栿与斗栱搭压的结构方式成为山西传统建筑的主要结构方式。

平顺大云院弥陀殿是五代后晋天福五年（公元940年）的遗构，面阔三间，斗栱为五铺作双抄，采用四椽栿后对乳栿（劄牵）结构，栿和乳栿（劄牵）都压于斗栱上，与斗栱形成"搭压式"的结构形制。宋初的高平崇明寺中殿（公元971年）和长子崇庆寺千佛殿（公元1016年）都开始采用这种结构。此后，随着下昂结构功能的退化和假昂的盛行，这种方式很快便成为宋、金、元时期山西木结构建筑的主流结构（图四五）。

（六）内柱与檐柱的关系

山西唐、五代遗构中用内柱的有四例。其梁栿结构不同，斗栱与梁栿结构关系各异。为了便于分析，特将宋代早期遗构列入二例。

1. 五台佛光寺东大殿（唐）

采用明草栿做法。其柱与梁栿为四椽栿前后乳栿通檐用四柱结构。两内柱分设于前后槽缝间，柱头上施七铺作四抄偷心造斗栱，皆以正面向内槽，后尾向外槽。其结构与外槽柱头斗栱紧密配合，二跳华栱由明乳栿共同制成。梁栿与斗栱的结构为用昂型"组合式"，因而每缝檐柱和内柱的柱头都保持了同一高度（图四六）。

2. 长子玉皇庙前殿（五代）

采用三椽栿后对乳栿通檐用三柱结构。三椽栿、乳栿伸出檐柱槽外做二跳华栱，与梁栿的结构为"组合式"。斗栱里转华栱一跳承栿。内柱设于后槽三椽栿和乳栿的结点下，柱头上置大斗，斗口内设十字相交出跳的栱，纵向承栿，横向托丁栿和攀间枋。内柱与檐柱等高（图四七）。

3. 长子碧云寺正殿（五代）

采用四椽栿通檐用三柱结构。四椽栿压前后檐斗栱于里转一跳华栱上，栿背与昂身斜切，斗栱与梁栿为"搭交式"结构。内柱设于后槽与山柱对缝，内柱头大斗口内出十字出跳之栱以承四椽栿、丁栿和攀间枋。内柱与檐柱等高（图四八）。

4. 平顺大云院弥陀殿（五代）

采用四椽栿后对乳栿（劄牵）通檐用三柱结构。四椽栿、乳栿（劄牵）压在前后檐柱头斗栱上，斗栱与梁栿为"搭压式"结构。内柱设于殿内后槽，柱头上设置大斗，斗口内出十字出跳之栱承栿。前后檐柱头斗栱里转为三抄承栿，因而内柱较檐柱升高两跳（图四九）。

5. 榆次永寿寺雨花宫（宋）

采用四椽栿前对乳栿通檐用三柱结构。四椽栿、乳栿压在檐部柱头斗栱里转的一跳华

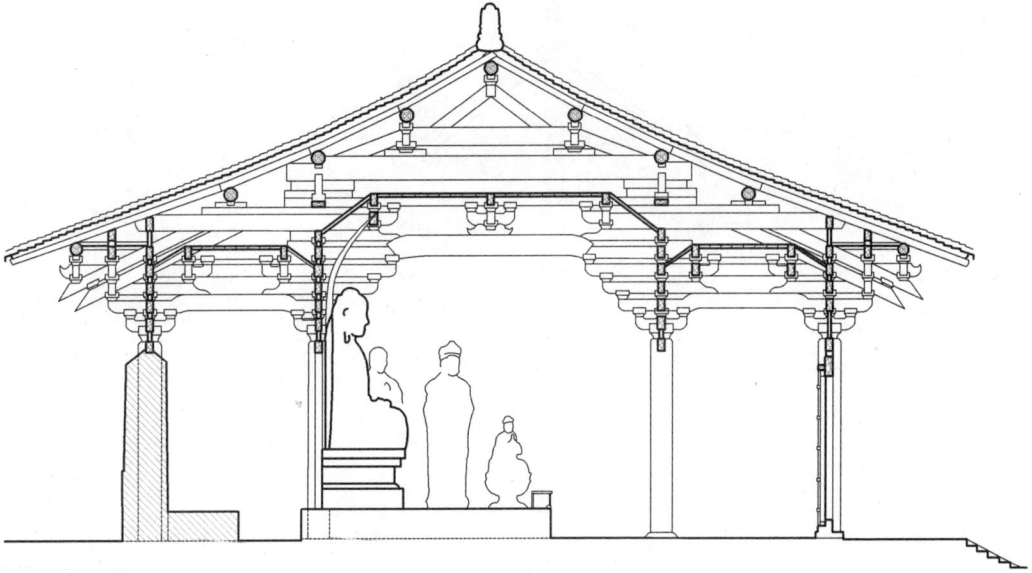

图四六　五台县佛光寺东大殿横剖面示意图

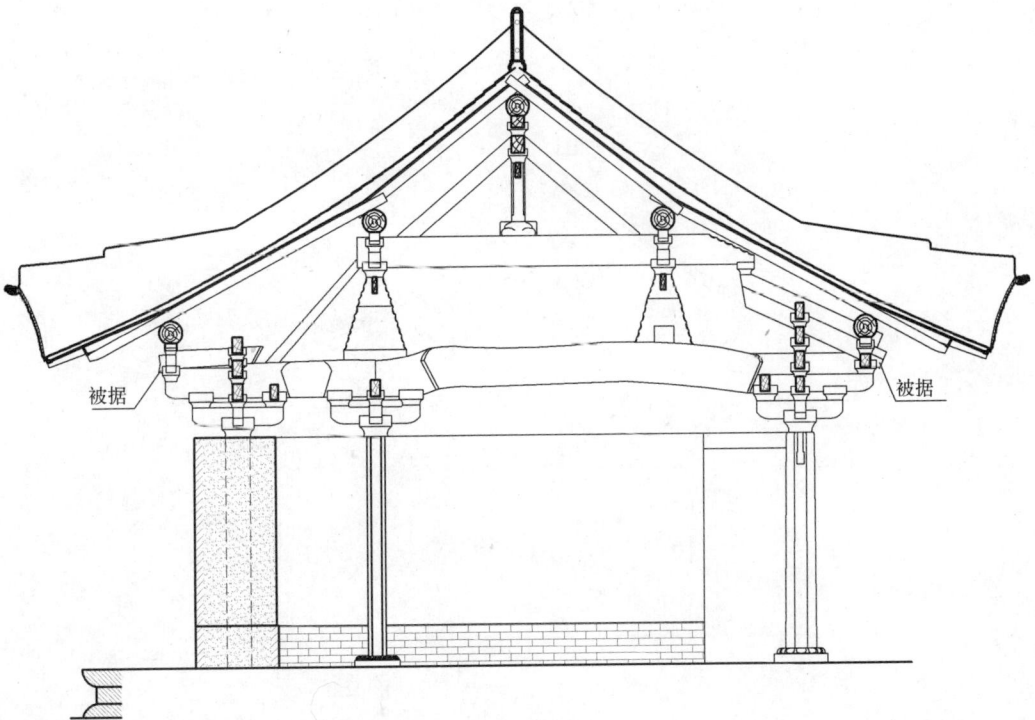

图四七　长子县玉皇庙前殿横剖面示意图

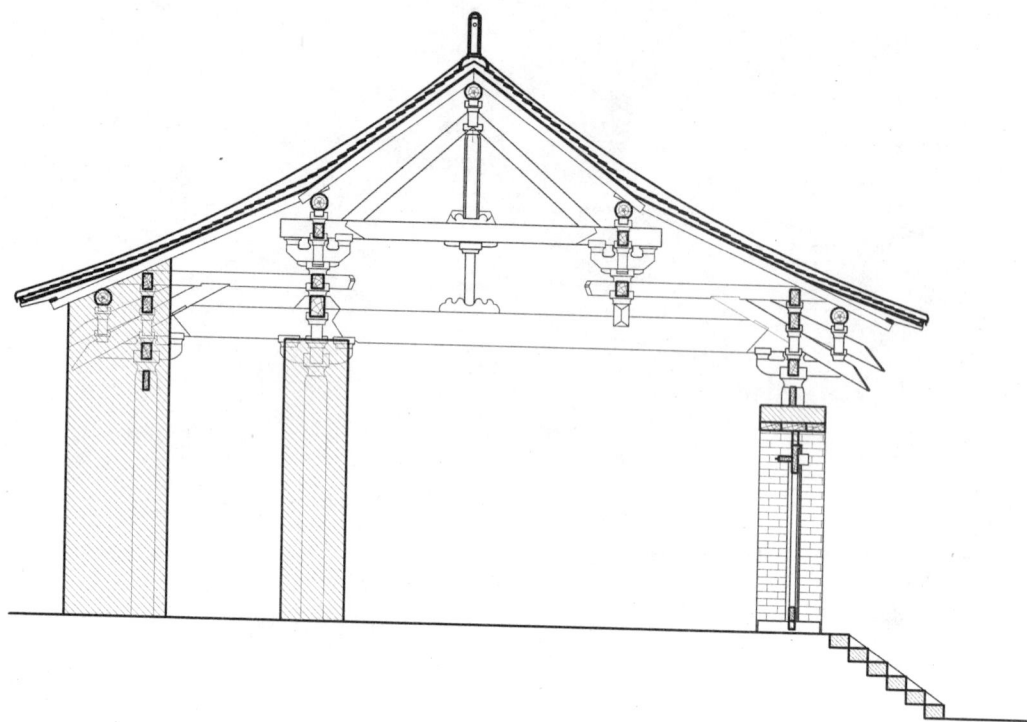

图四八　长子县碧云寺正殿横剖面示意图

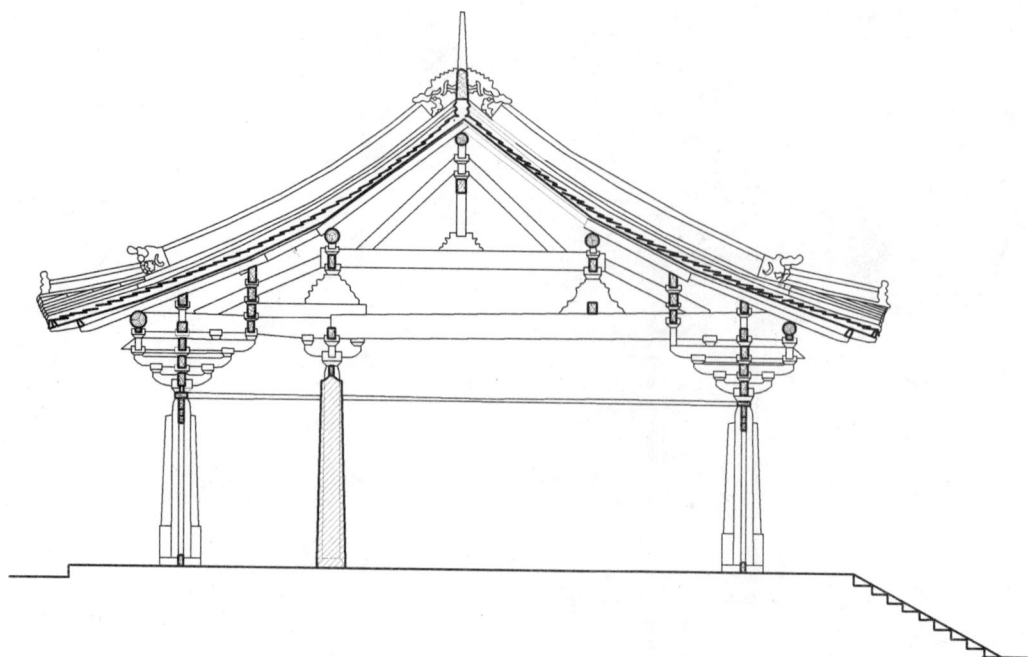

图四九　平顺县大云院弥陀殿横剖面示意图

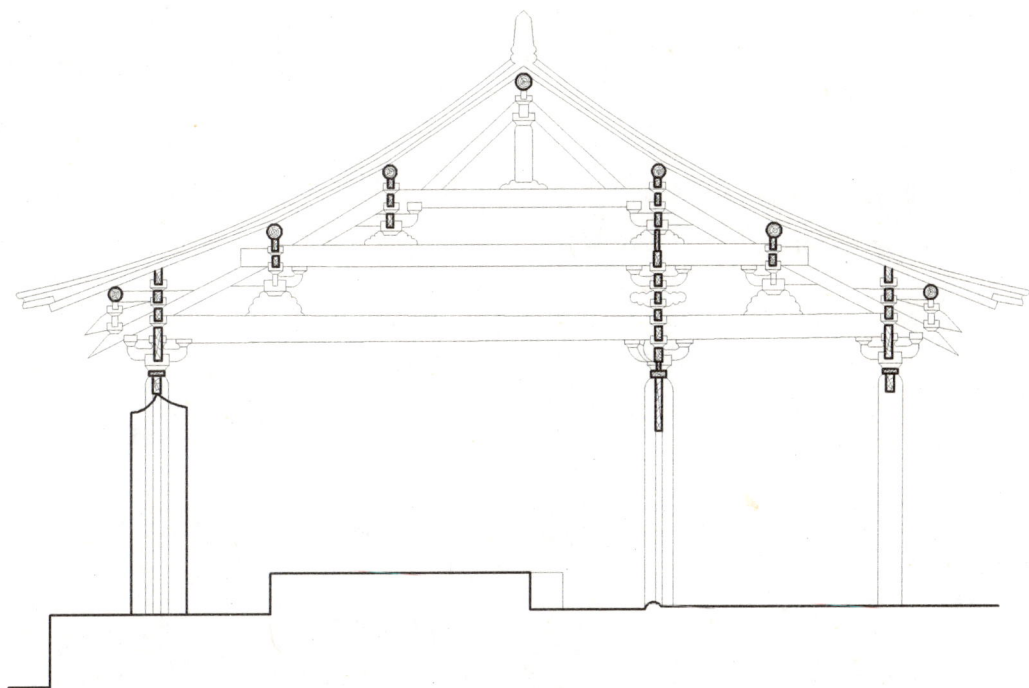

图五〇 晋中市榆次永寿寺雨花宫横剖面示意图

栱上，栿背与昂身斜切，斗栱与梁栿为"搭交式"结构。内柱设于前槽，柱头设大斗，斗口内出十字相交纵横出跳的单抄栱，用以承栿与攀间枋。内柱与檐柱等高（图五〇）。

6. 长子崇庆寺千佛殿（宋）

采用四椽栿后对乳栿通檐用三柱结构。四椽栿、乳栿压于前后檐柱头斗栱上。内柱置于后槽梁栿的结点下，柱头大斗口内出十字出跳双抄斗栱承栿。前后檐柱头斗栱里转为四抄承栿，故内柱高于檐柱两跳。

从上述六例遗构的结构情况可以看出，前四例梁栿与斗栱有密切的结合，内柱与檐柱同高。大云院弥陀殿采用了梁栿压于斗栱上的"搭压式"结构，前后檐柱头斗栱里转三抄。长子崇庆寺千佛殿也是"搭压式"结构，前后檐斗栱里转四抄。如果内柱斗栱采用与檐柱斗栱里转相同出跳的做法，将构成一组巨大的斗栱，乳栿仅跨一缝椽架，无论在结构和观感上都不能做到合理美观，因此只有用内柱抬高、出跳减少的做法加以解决。五台佛光寺东大殿采用"金箱斗底槽"地盘双槽结构，前后乳栿做二跳华栱，下仅一跳，内柱斗栱里转四抄的华栱承挑四椽栿无论跨距、高度都较适宜。反观平遥镇国寺万佛殿，斗栱也是七铺作，采用了"搭交式"结构，六椽栿压在里转的二跳华栱上，如果设置内柱与檐柱同高时，内柱只需出两跳的抄栱。很显然，梁栿与斗栱为"组合式"结构时，梁栿压在一跳华栱上，梁头伸出槽外做二跳华栱，同样采用"搭交式"结构时，梁栿压于柱头斗栱里转的二跳华栱上，栿背与昂身斜切。由此可见，采用"组合式"和"搭交式"结构时，内柱柱头只需出单抄或双抄华栱，便能与檐部斗栱里转多跳的华栱配合承栿，使内外柱同高。采用"搭压式"结构时，内柱斗栱需出三抄或四抄方能与檐部斗栱配合承栿。内柱与檐柱的间距一般在 2 米以内，如果每跳平出按 30～40 厘米计，三跳以上的间距就无法置放抄栱，因此抬高内柱是最简单而有效的方法。可以肯定，采用"搭压式"结构是内柱升高的根本原因。正是从平顺大云院弥陀殿出现后广为流行的梁栿与斗栱的"搭压式"结构，改变了唐以来内外柱同高的结构特征（参见下表）。

五代、宋檐柱、内柱使用情况实例表

名称	年代	出跳		内外柱	
		檐柱里转	内柱	同高	不同高
平顺大云院弥陀殿	五代	三	一		√
长子碧云寺正殿	五代	一	一	√	
长子玉皇庙前殿	五代	一	一	√	
榆次永寿寺雨花宫	宋	一	一	√	
高平开化寺大雄宝殿	宋	二	一		√
晋城青莲寺释迦殿	宋	四	三		√
平顺龙门寺大雄宝殿	宋	二	一		√
平顺九天圣母庙圣母殿	宋	二	二	√	
陵川龙岩寺过殿	金	二	一		√

（七）结　　语

本文仅就山西现存唐、五代建筑中木构架结构的部分特征进行了初步分析，特别是对在建筑史上具有承上启下作用的结构的延续和演变过程进行了探讨。对其他方面的构件和细节特征，在论述中也都进行了有针对性地剖析。通过上述讨论，我们可以对山西唐、五代建筑的主要结构方式和特征有一个基本的认识。

1. 斗栱

在敦煌石窟唐代壁画中有所表现的斗栱的形制和类型，在唐、五代现存的建筑类型中都有继承和发展。最为重要的是昂的成熟，成为传统建筑的重要标志，并被后世所承袭和发展。梁栿伸出槽外做斗口跳无疑是古制，后代已较少使用。斗栱大多采用偷心造，特别在内槽几乎没有一例是计心的做法。

2. 扶壁栱

唐初的人字栱、直斗已消失，代之以单栱素枋重复垒叠和单栱素枋多层垒叠的结构方

式。后者被后世继承沿用，成为扶壁栱的主要结构方式。

3. 耍头与衬方头

耍头与衬方头在唐、五代时还不是斗栱组合的必须构件，说明宋式斗栱的概念尚未形成。

4. 翼角结构

角梁尾由平槫结点上移置其下，大角梁平置以后出现了隐角梁承椽。翼角结构开始发生改变。翼角椽布列出现平行与辐射复合式的过渡性做法，后世普遍采用的扇骨状辐射椽法已经出现。

5. 脊部结构

五代在叉手之内与脊槫之下出现侏儒柱，叉手位置随时代而上移，时代特征鲜明。

6. 梁栿隔承结构

有十字出跳之栱、驼峰和驼峰上施斗栱三种做法。

7. 梁栿与斗栱的结构关系

唐、五代是构架结构的重大变革期。其主要表现为梁栿与斗栱结构关系的变化：从"天台庵式"增加出跳到"南禅寺式"，到下昂出现的"佛光寺式"，是梁栿与斗栱关系的第一阶段。五代和辽代以后，这种"组合式"结构基本消失。"镇国寺式"采用的"搭交式"结构，是斗栱与梁栿结构关系的第二阶段。这种结构延用至宋初，在以后部分遗例中偶有使用，是五代至宋初的结构特征。"大云院式"采用的"搭压式"结构是斗栱与梁栿结构关系的第三阶段，为后世所普遍采用，形成了五代至元代山西早期建筑梁架与斗栱结构的定式。

8. 内柱与檐柱的关系

五代梁栿与斗栱的结构发生了改变，导致了内柱高于檐柱的做法。入宋以后，这成为普遍采用的结构形式。

宋代以后随着营造技术的进步，中国传统木结构建筑趋于规范化、标准化，逐渐脱离了宏伟朴实的唐式风范，转而向端庄纤秀的宋式风格演化。

二 也说"昂"

　　昂，是中国传统建筑中斗栱的重要构件之一。无论在结构作用中的出色演绎，还是在审美装饰中的完美表现，昂都令世人惊叹赞赏。对它的起源和发展的研究由来以久，众说不一，难成定论。从唐代的五台佛光寺东大殿（公元 857 年）、五代的平遥镇国寺万佛殿（公元 962 年）、宋代的高平崇明寺中殿（公元 971 年）、辽代的应县木塔（公元 1056 年），到金代的朔州崇福寺弥陀殿（公元 1143 年）等，其精美绝伦的表现在中国传统建筑的舞台上演绎出了无数的经典传神之作。

　　在新发现的两座五代建筑中，同时出现了类昂、类耍头的构件。上自唐、五代，下至宋、辽、金、元的传统木结构建筑中都没有见到相同的结构表现。在长子县布村玉皇庙前殿前檐槫下，承替木和承随槫枋（令栱位）的小斗口内出了两道近一材的斜置构件。其首伸于檐槫外，嘴被后人截去，尾挑承在平梁下。其下层与随槫枋相交（不用令栱），恰是耍头位置，首压在二跳华栱跳头上，不出跳，尾承接平梁，腰以柱头枋为支点斜置，具有昂的功能（图五一）。长子县小张村碧云寺正殿前檐柱头斗栱上出了两层批竹形构件。其首层在华栱头上和令栱以下，二层与令栱相交，腰身以檐柱缝泥道枋为支点，斜挑于剳牵下。其首层似昂但不单独出跳，与华栱斜切并出一跳。二层似耍头，尾却挑于草栿下，具有昂的功能（图五二）。两组构件的共性是都占据耍头位置，身尾具有昂的功能却不出跳，所以被称为"类耍头"、"类昂"的构件。

　　在分析研究玉皇庙前殿和碧云寺正殿时代问题的过程中，对这两组构件同时进行了甄别。首先找出其共性，其次以结构功能为主线，可以看出如下四点：第一，同属斜挑式杆件。第二，有平衡力的支撑点，具有杠杆功能。第三，在檐槫和梁栿的重力作用下，能有效减弱挑出承檐构件的荷载。第四，具有防止斗栱前倾的作用。据此得出的结论是除了不具备出跳或单独出跳的功能作用，应当归类于昂的范畴，但以结构位置论又可称为耍头。在与日本飞鸟时期反映中国齐、隋时代特征的"飞鸟样"建筑进行比照时发现，日本所保存的这一时期的六座建筑都在檐下使用了一种叫"尾垂木"的斜置构件，与我们新发现的"类昂"构件有着惊人的相似之处。除了其尾部的结构方式不同（尾插于柱内），可以用如出一辙来形容。首先是斜置于檐柱正心缝内外的杆件，其首压于檐槫下，其尾伸入梁架，其中心支撑点是柱头枋，不具备独立出跳的功能。其次具有很好的杠杆作用，在减

平梁

耍头

三椽栿

复原

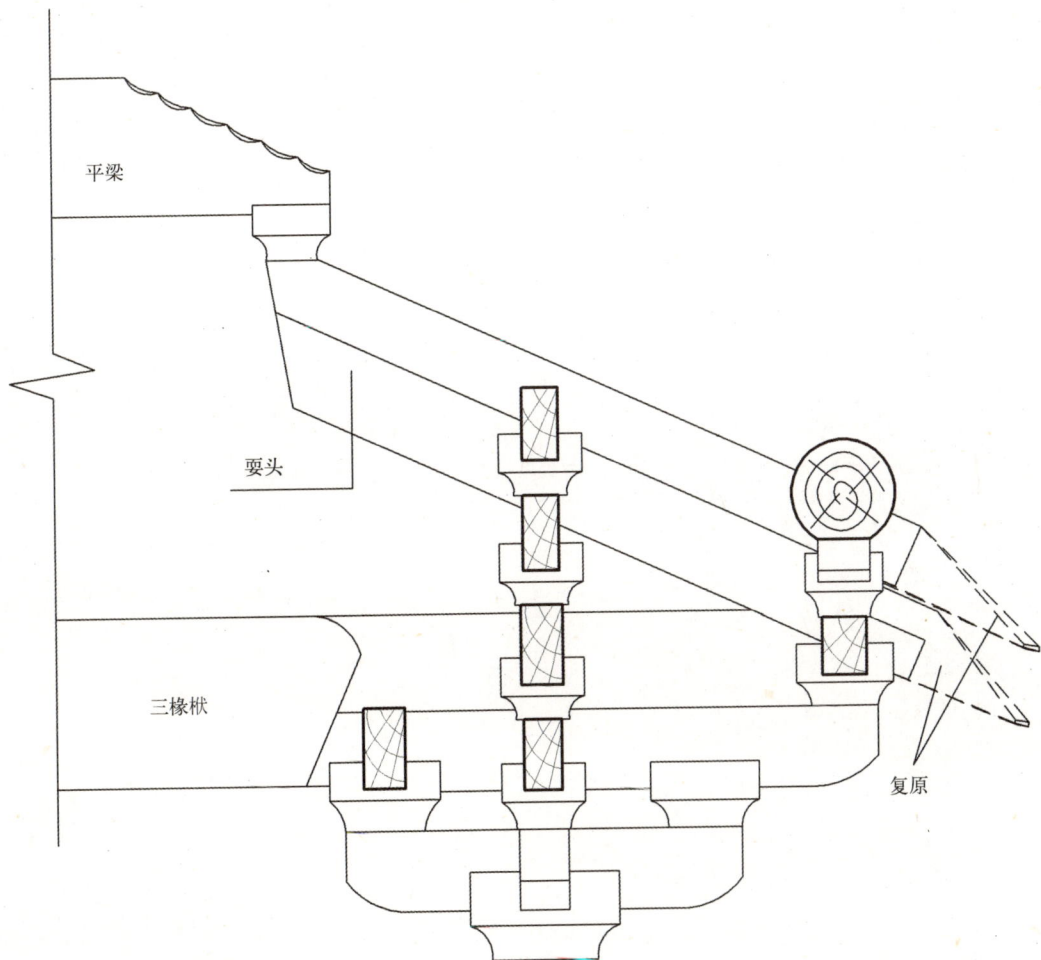

图五一　长子县玉皇庙前殿柱头斗栱昂式耍头示意图

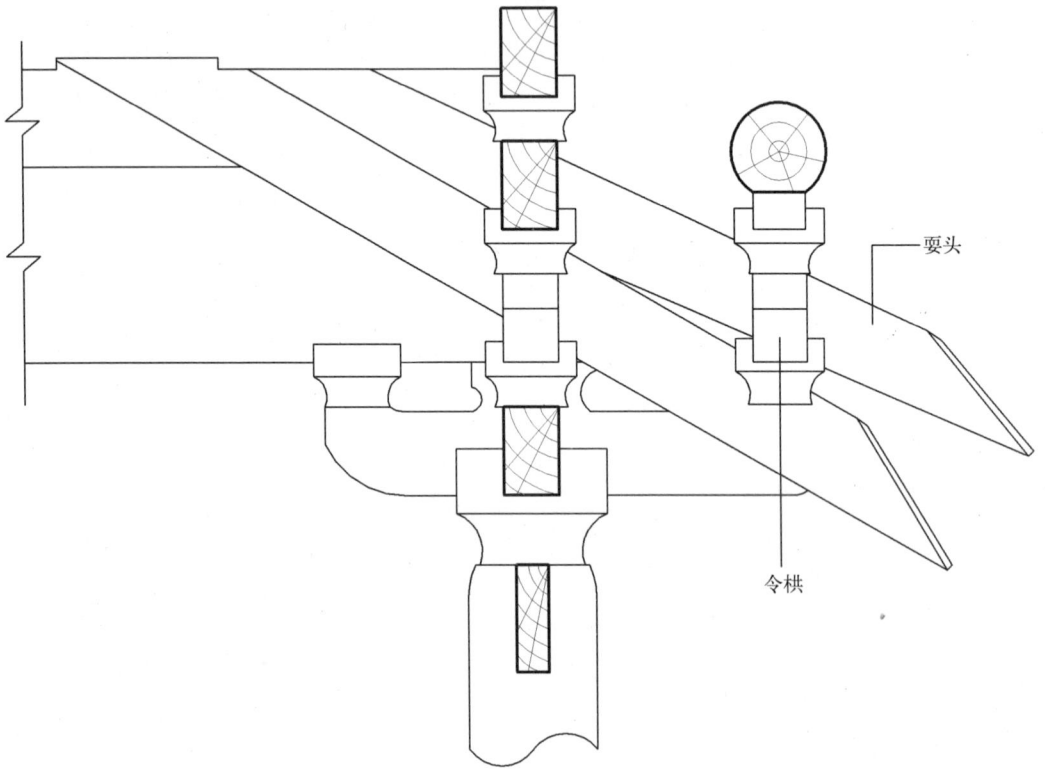

要头

令栱

图五二　长子县碧云寺正殿柱头斗栱昂式要头示意图

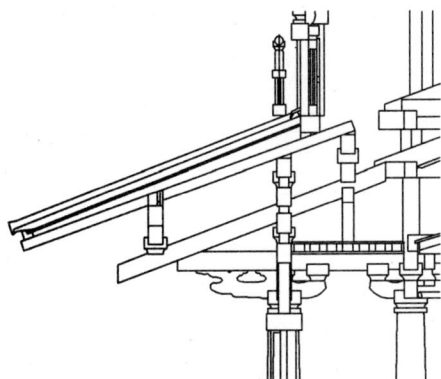

日本法隆寺五重塔底层斗栱(公元 7 世纪后期)

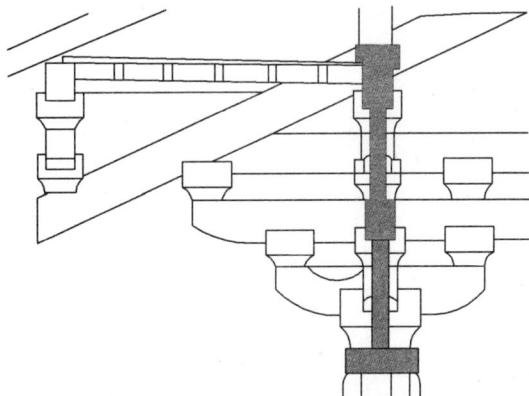

日本药师寺东塔（公元 730 年）

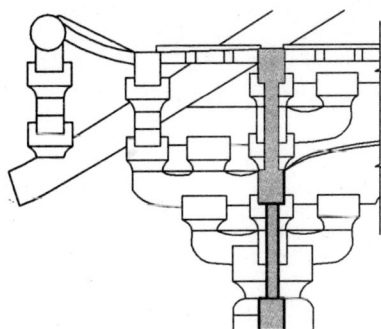

日本唐招提寺金堂（约公元 770 年）

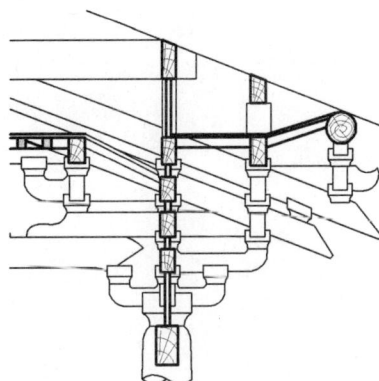

五台县佛光寺东大殿（公元 857 年）

图五三　日本飞鸟和奈良时期的"尾垂木"与唐式昂示意图

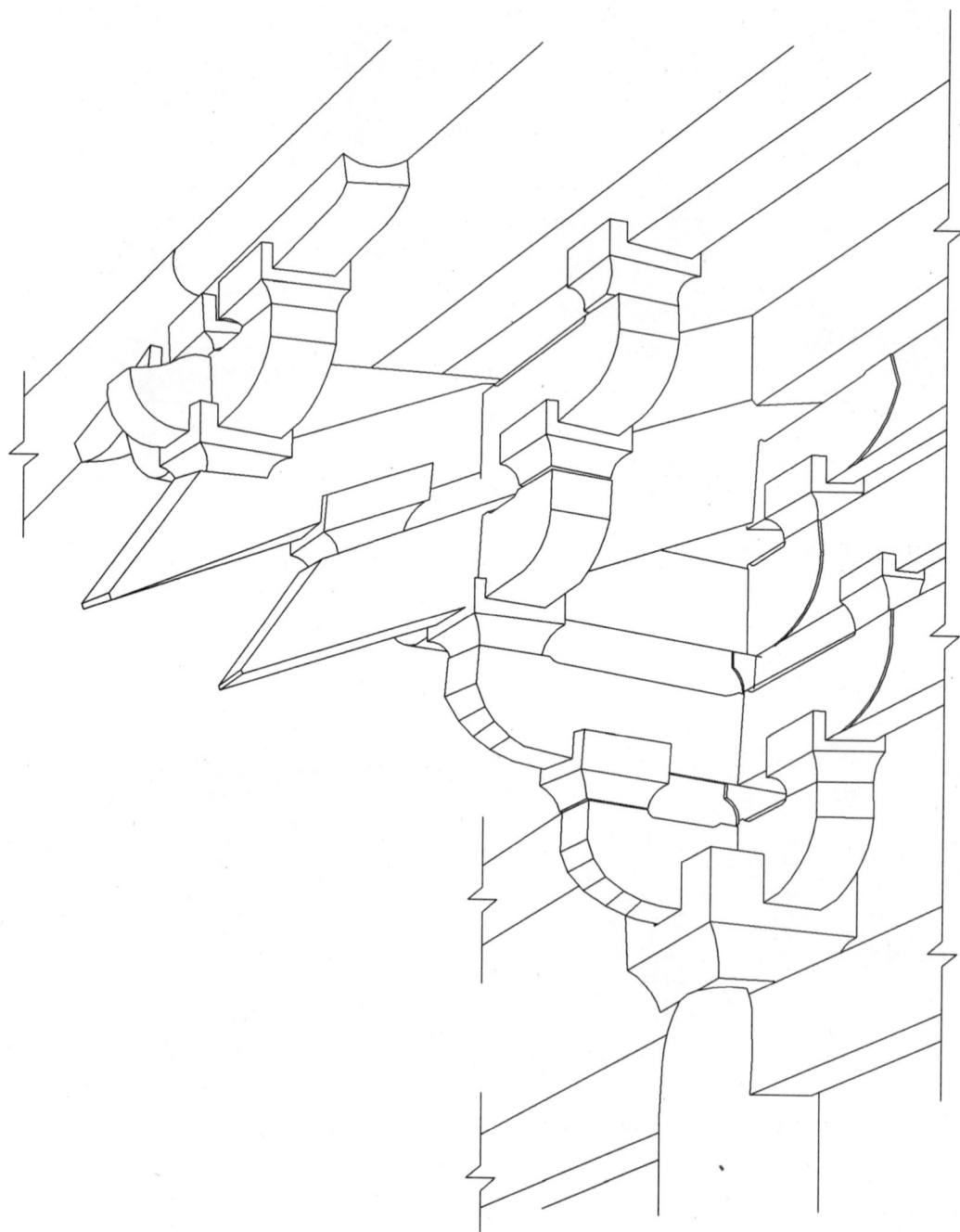

图五四　五台县佛光寺东大殿柱头斗栱双下昂示意图

轻出跳构件压力和防止斗栱倾覆方面具有很好的功能。日本"飞鸟样"按绝对年代的推断,反映了我国隋和初唐时期的建筑式样与风格(图五三)。

如何推断这两组昂的时代问题,首先看日本建筑中"尾垂木"的发展和演变。日本目前保存的受中国传统建筑影响而有一定血脉关系的古建筑,大致可以分为两个时期:早期是飞鸟时期和奈良时期的建筑,年代大致是在公元672~794年。其中形成了反映中国南北朝和隋代建筑风格的"飞鸟样"建筑,代表作是法隆寺金堂(公元710年)。有反映初唐风格的"白凤样",代表建筑是药师寺东塔(公元730年)。还有反映盛唐、中唐风格的"天平样",代表建筑是唐招提寺金堂(公元770年)。此后,镰仓时代的"大佛样"、"天竺样"已是受南宋和元代影响的建筑体系。从以上三座代表建筑,可以看到"尾垂木"的发展变化。"飞鸟样"的法隆寺金堂,"尾垂木"首压于檐榑下,其下部结构是大斗口向前出云形栱,其上承一平出的杆件,其首背与"尾垂木"斜切共同完成出跳。"白凤样"的药师寺东塔,有了明显的改良和发展,斗口内纵向伸出的云栱变成了一跳华栱,原来上部的杆件亦制成二跳的华栱,"尾垂木"斜压在二跳跳头的散斗上,前伸承挑檐榑下的替木和令栱完成了独立出跳,从结构上看第三跳跳距过大,不甚合理。到"天平样"的唐招提寺金堂,在第二跳上增加了横栱,缩短了第三跳的跳距。从三层出跳的跳距看,完成了减跳的做法,结构更趋理性。整组斗栱的出跳比例关系和"尾垂木"的结构都已达到很完善的程度,与国内唐、五代时期的栱昂结构已非常接近(图五四)。

那么,昂究竟是何时出现的?从北齐时的南响堂山石窟第1窟窟檐两层出跳挑檐的华栱(图五五),到隋代陶屋上三层出跳承挑屋檐的华栱(图五六),尚未见到斜置的类昂构件。由此可以推论,昂的出现不会早于隋代。玉皇庙前殿之昂,应是昂的原始形态。其最初的功能就是用来稳定多层出跳的华栱,防止檐下多层斗栱向前倾覆。其出跳功能的原始形态,可以从碧云寺正殿和"飞鸟样"建筑中昂与华栱共同完成出跳的做法得以证实。人们可以看到,其出跳的功能很快在日本"白凤样"的建筑中就已经完成。从"飞鸟样"到"白凤样"建筑的绝对年代不过三十年。据此而论,北齐出现了真正意义的华栱出跳挑檐,至隋代发展到多层华栱逐跳伸出挑檐。为了强化檐部垒叠华栱的稳定性,故而增加了一头压在内槽构件下,一头担住檐榑的杠杆,如同玉皇庙前殿、碧云寺正殿之昂和日本"飞鸟样"的"尾垂木"。进一步发展的过程中则将这一杆件延长,在不增加高度的同时可以增大檐出,于是有了"白凤样"出跳的"尾垂木"。时至佛光寺东大殿完成了昂的发生、发展和完善的进程。具体的实例可从公元710年的日本法隆寺金堂,到公元857年的佛光寺东大殿的斗栱中见到。

对于昂的产生和由来有多种说法。例如,叉手说、斜梁说、斜撑(上昂)说等。从文献上看,汉代已有昂的使用。这可从汉赋和宋《营造法式》对橌、柳(昂)加以注解中寻到踪影。不过,汉代是否已有真正使用的昂,目前因没有实例,还不得而知。任何一

图五五　磁县南响堂山石窟第1窟窟檐斗栱示意图

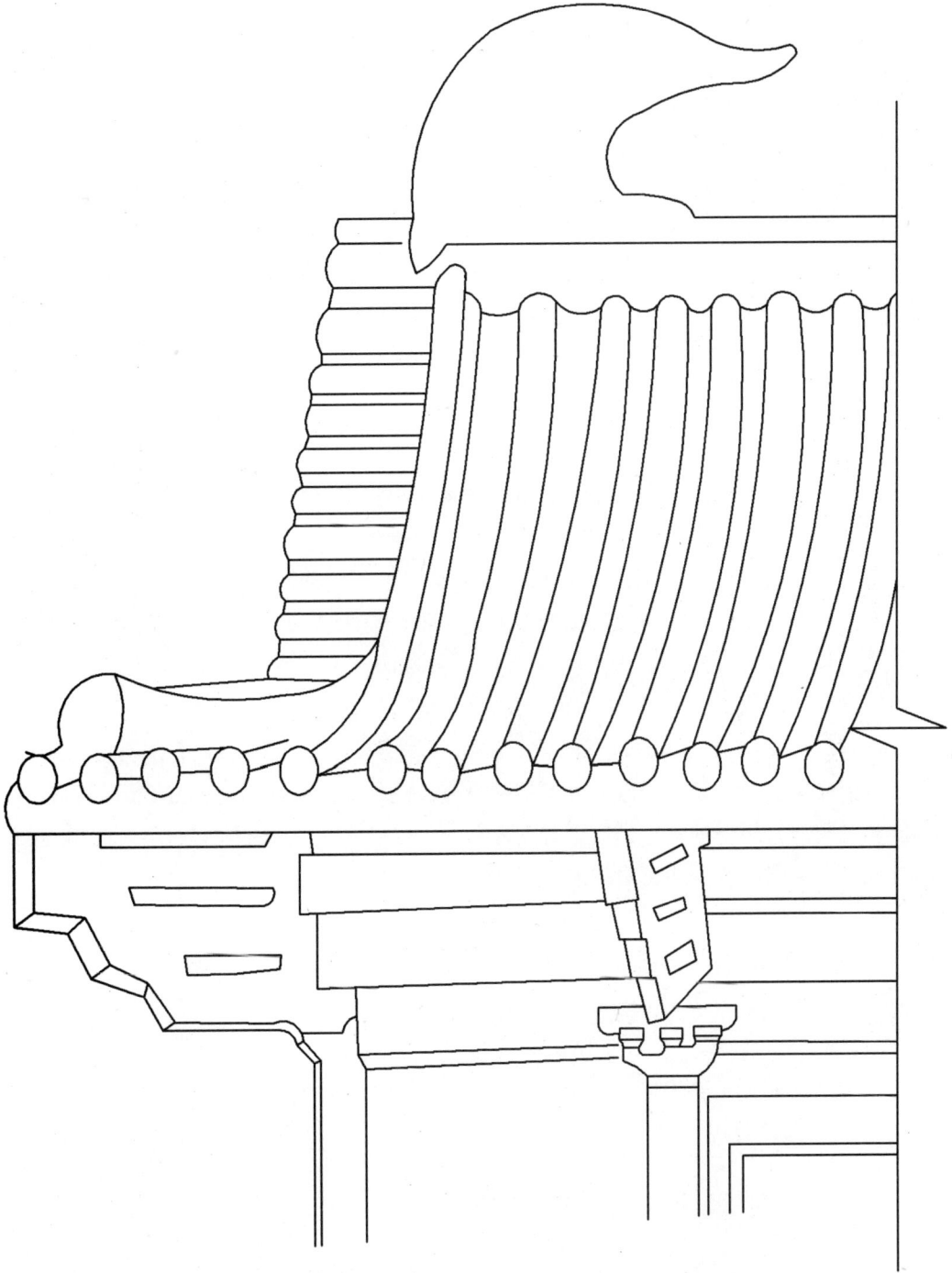

图五六 隋代陶屋出跳斗栱示意图

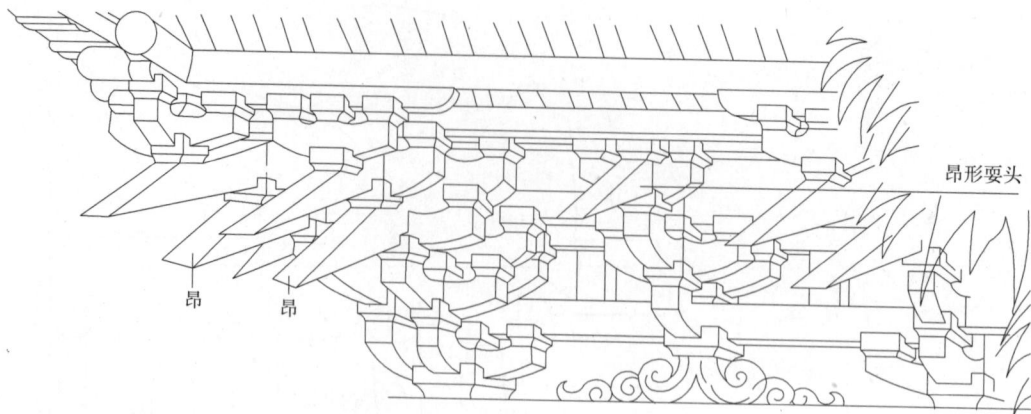

图五七　敦煌石窟第172窟南壁盛唐壁画中昂的早期形式

个构件的产生都不能脱离结构功能的需求，满足这种需求才是其产生的真正动因。早期的建筑为了保护土砌的墙体和木质的檐柱不受雨水的侵蚀，需要制造出较大的屋檐。为满足这种需求，势必要增加挑檐结构的伸出，故而采用了逐跳伸出撑檐的做法。在这一做法中，伸出的长度又与抬升的高度成比例增加，斗栱向前倾覆的可能也会随之增大。为解决这一难题，最有效的方法就是如玉皇庙前殿昂的做法，一头压在平梁下，一头挑在檐槫下，从而有效地减弱了屋面对抄栱的压力，又使檐部受力得以平衡，并减少了向前倾覆的可能。这一应运而生的构件就是昂的原形。随后利用昂增加出跳，又不会增加铺作的高度，进一步完善了昂的结构功能。具备这种既有出跳作用，又能平衡檐部受力的具有杠杆功能的昂在敦煌石窟壁画中直到盛唐时期才有表现（图五七），具体实例国内则出现在晚唐的佛光寺东大殿的檐部斗栱中间。

三　要头辨

（一）铺作和出跳

以斗、栱等构件逐层相叠的做法，谓之铺作。栱、昂的层层挑出，谓之出跳。每挑出一跳，在铺作中增加一层，谓之出一跳。铺作是由栌斗、一跳构件（华栱或昂）、要头、衬方头铺叠构成。最基本的铺作做法即四铺作（图五八）。斗口跳虽有出跳但构不成铺作，把头交项作亦同。

总铺作次序是铺作出跳的结构次序，也是一种使用等级的规范。四铺作是最基本的铺作结构组合。除了必备的结构构件，还需有出跳的栱，"或用华头子，上出一昂"。凡铺作自柱头上栌斗口内出一栱或一昂，皆谓之一跳，传至五跳止。

从山西现存唐、五代遗构的铺作结构看，要头和衬方头的使用并不规范，有无要头者，亦有无衬方头者，惟平遥镇国寺万佛殿要头、衬方头俱全。由此可以认为，唐、五代时期宋《营造法式》中铺作的概念尚未形成，也就是说此期要头并非斗栱组合中必需的构件。

（二）要头的出现

有学者认为汉代已经有要头的使用。如果汉代已有，魏晋南北朝至隋应不会间断。从敦煌石窟唐代的壁画中反映，初唐尚无要头的表现。要头形象最早出现于敦煌莫高窟盛唐时期的第172窟南壁的壁画中。其位置在补间斗栱二跳华栱上，出自跳头小斗口内与令栱相交。其形象为批竹式昂形，昂尖斜下而出，与相邻的柱头斗栱所出双下昂的形象相同（图五九）。此后在中唐、晚唐壁画中出现了单下昂、要头昂形的形象，还有单抄昂形要头的表现。由此可以推断，昂和昂形要头出自盛唐。

实物遗构的表现与壁画不尽相同。最早的五台南禅寺大殿为双抄上要头批竹形，很短促，身与地面平行，昂尖平直伸出。五台佛光寺东大殿双下昂上与令栱相交的是翼形要头。五代的平遥镇国寺万佛殿、平顺大云院弥陀殿要头都是平行于地面。在新发现的五代

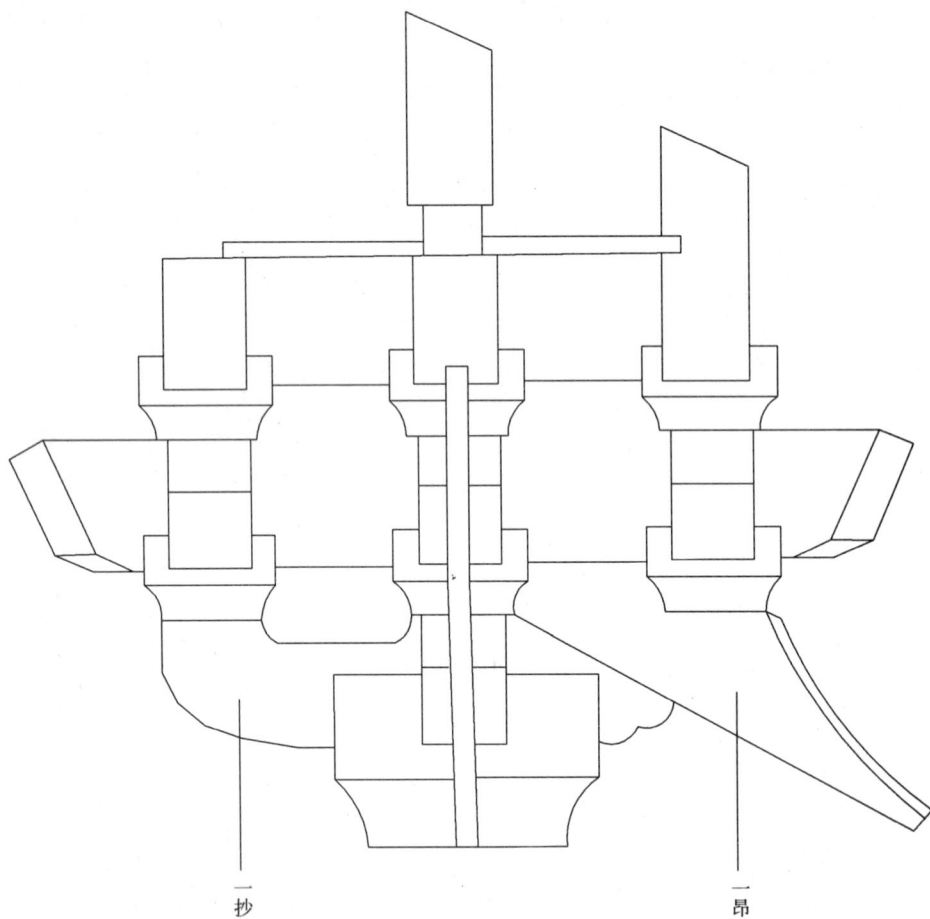

一抄　　　　　　　　　　　　　　一昂

图五八　宋《营造法式》四铺作斗栱示意图

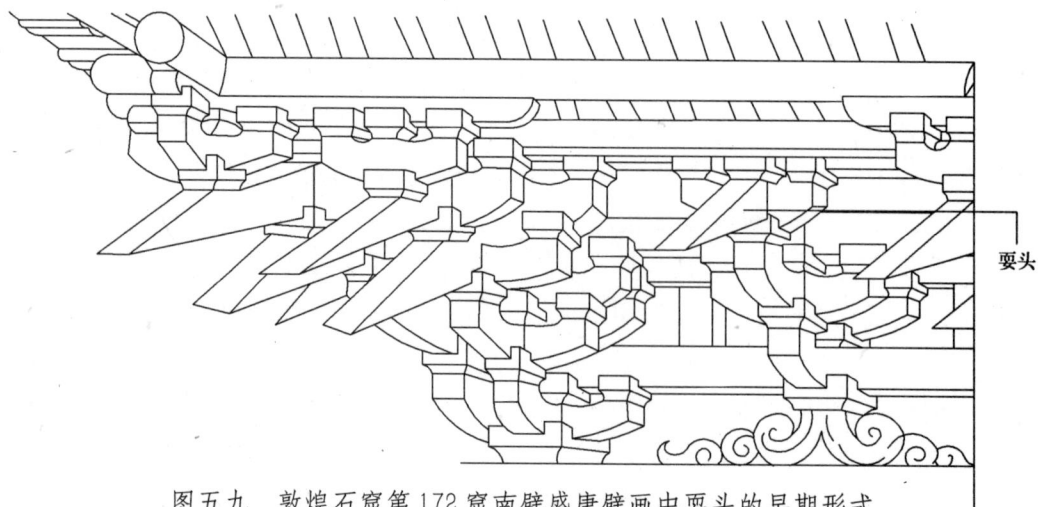

要头

图五九　敦煌石窟第172窟南壁盛唐壁画中要头的早期形式

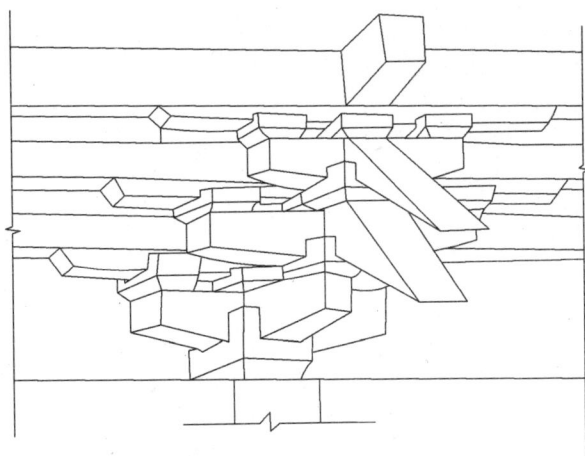

敦煌石窟晚唐第 85 窟斗栱中的批竹昂形要头

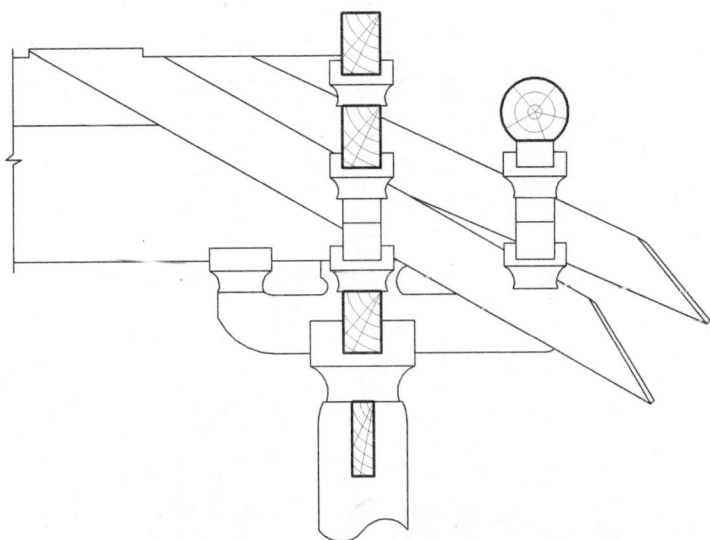

长子五代碧云寺正殿前檐柱头斗栱中的批竹昂式要头

图六〇　长子县碧云寺正殿要头示意图

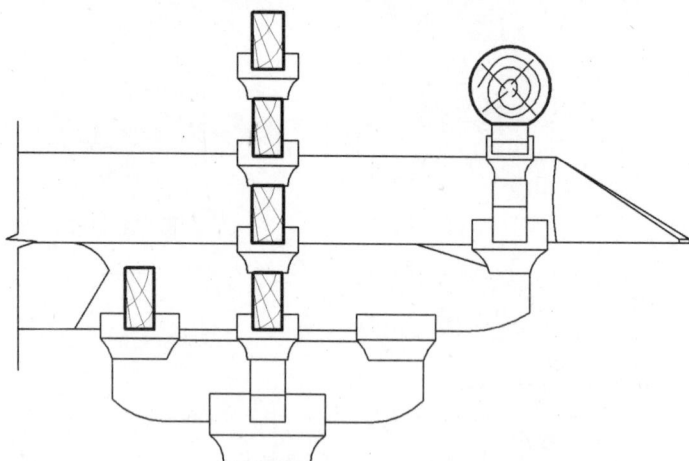

1.山面后槽柱头斗栱中的平出批竹形耍头

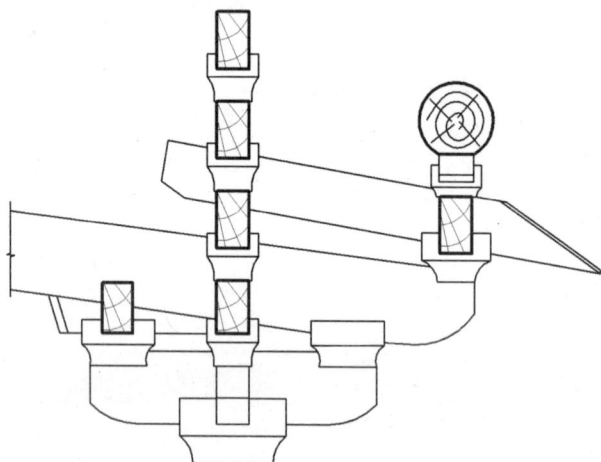

2.山面前槽柱头斗栱中的斜出昂形单耍头

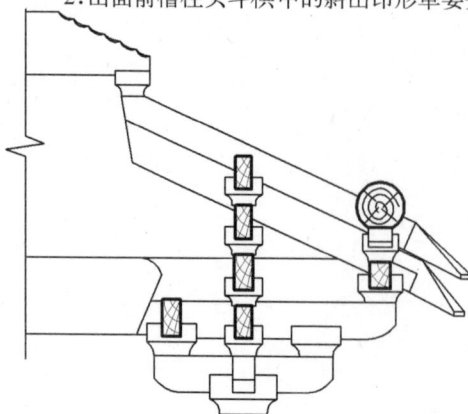

3.檐部柱头斗栱中的斜出昂式双耍头

图六一　长子县玉皇庙前殿耍头类型图

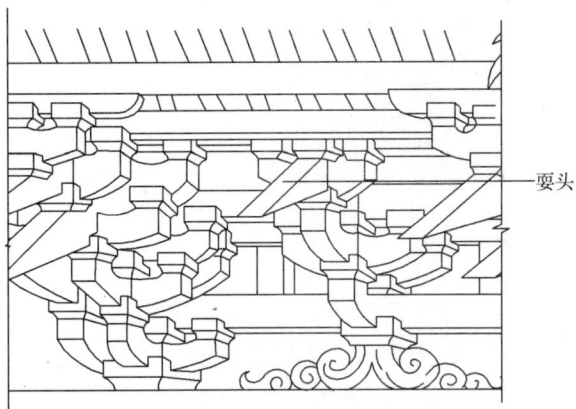

敦煌石窟第172窟南壁盛唐壁画
Ⅰ型昂形耍头

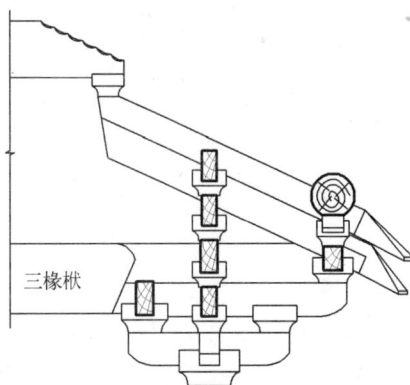

长子玉皇庙前殿前檐柱头斗栱（五代）
Ⅱ型昂式双耍头

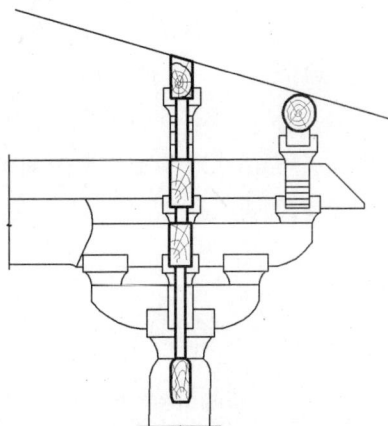

五台南禅寺大殿柱头斗栱（唐）
Ⅲ型批竹形耍头

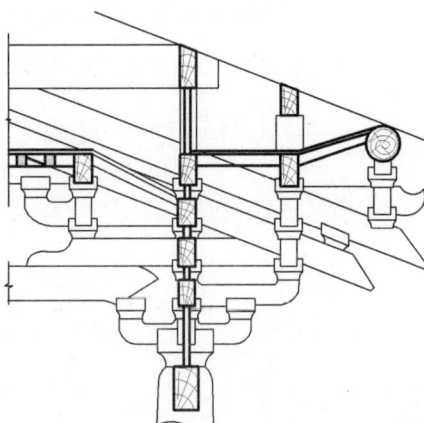

五台佛光寺东大殿柱头斗栱（唐）
Ⅳ型翼形耍头

图六二　唐、五代耍头类型图

建筑长子碧云寺正殿，出现了与壁画中形象相近的耍头，但为双耍头（图六○）。其第一层与令栱交，第二层与替木交，身尾伸入内槽，具有杠杆作用，昂尖斜出指向地面。这与敦煌石窟第85窟壁画形象非常接近，其上层用材明显小于下层。另一座五代建筑长子玉皇庙前殿前檐柱头斗栱，其耍头做法与碧云寺正殿一样，只是前端被截去，耍头形象不能知晓。所幸该殿两山前槽保留了两只批竹式昂形耍头，判断应与前檐的形制相同。至此，我们可以认为耍头最早出现于盛唐，与昂同时，而且与昂同形。

新近发现的五代建筑长子玉皇庙前殿反映出耍头的三种结构形态：其一、与南禅寺大殿等唐、五代实例相近似的耍头，置于华栱上，与令栱相交，平行于地面。这是壁画中不曾见到的，用于该殿两山后槽和后檐柱头斗栱上。其二、设于丁栿上，丁栿首伸出檐外做二跳华栱，斜置于四椽栿与一跳华栱上，耍头亦随丁栿斜置，伸出檐外与令栱相交。这与榆林窟第16窟形制近同，用于该殿两山前槽柱头斗栱上。其三、与五代长子碧云寺正殿近同，由两道斜置于檐槫上而身尾入内槽的昂构成。第一层在外与令栱相交，第二层与替木相交承接檐槫，嘴尖被锯但肯定是斜指地面，与敦煌石窟第85窟壁画形象类似。显然斜出的昂形单耍头和昂式双耍头更接近敦煌石窟盛唐壁画所表现的形象（图六一）。

（三）耍头的形态

在唐代壁画中所见到的只有一种与昂相同，或相似，昂尖向下斜出的耍头，也是最早的与令栱相交的耍头形态。在已知的唐代遗构中都是平行于地的耍头，有批竹形和翼形两种。

已知的唐、五代耍头可分为四型：Ⅰ型为昂形单耍头，Ⅱ型为昂式双耍头，Ⅲ型为批竹形耍头，Ⅳ型为翼形耍头。Ⅰ、Ⅱ型为斜置式，Ⅲ、Ⅳ型为平置式（图六二）。

（四）耍头的结构

Ⅰ型、昂形单耍头。从敦煌石窟壁画看，都用于补间斗栱。莫高窟第172窟（盛唐）、榆林窟第16窟（中唐）和第85窟（晚唐）都有所表现，其中第172窟为双抄，其余为单抄。长子玉皇庙前殿山面前槽柱头斗栱为双抄，在二跳跳头上与令栱相交向下斜出耍头，其尾过柱头枋而止，压于枋间，尾作蚂蚱头，具有承挑作用的是斜置受压杆件。

Ⅱ型、昂式双耍头。出现在敦煌莫高窟中唐第8窟和晚唐第85窟壁画中，与两座新发现的五代建筑的耍头略有异同。同样的是上昂用材尺寸明显小于下昂，所不同的是壁画中所表现的是单昂单耍头，第一层承挑令栱具备出跳显然是昂，第二层与令栱相交者应是昂式耍头，而实物中长子玉皇庙前殿上下层都是耍头。其结构为第一层与令栱交，第二层

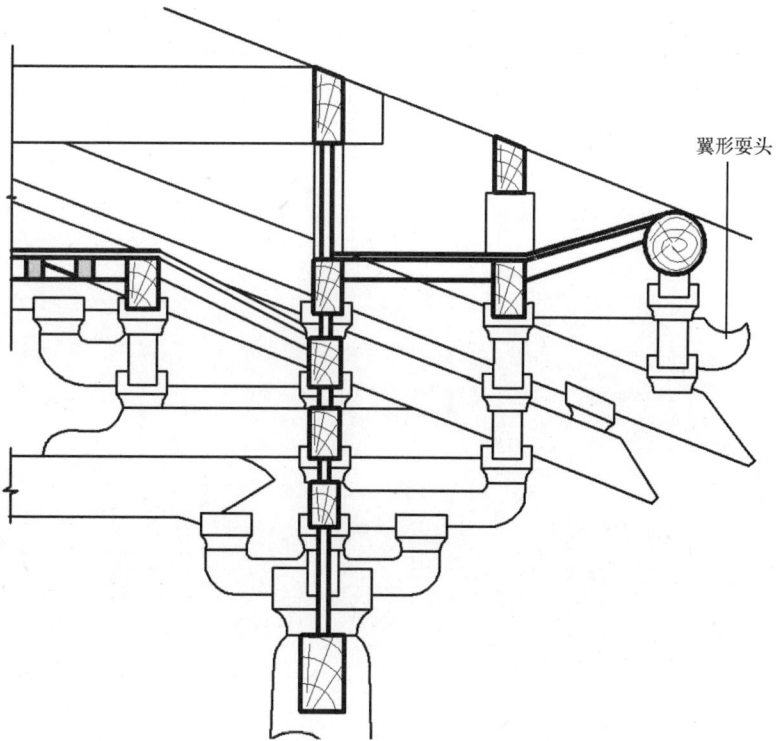

翼形耍头

图六三　五台县佛光寺东大殿柱头斗栱翼形耍头示意图

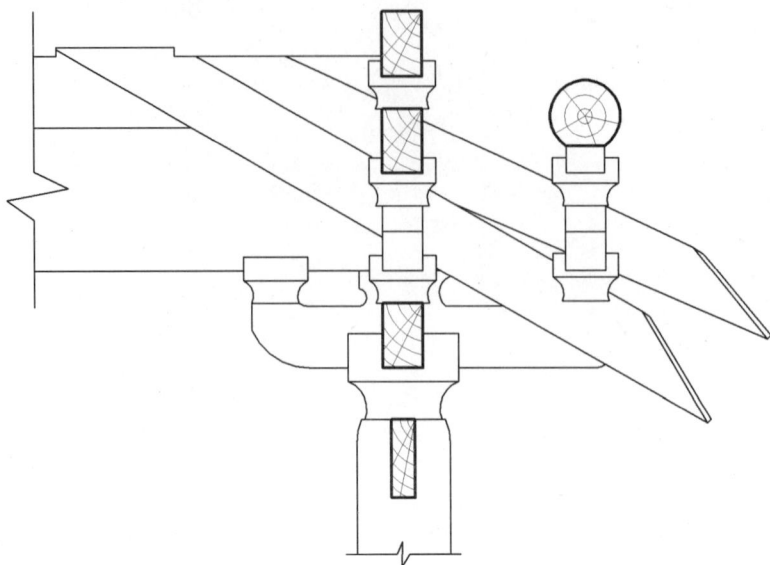

长子五代碧云寺正殿柱头斗栱中的昂式耍头

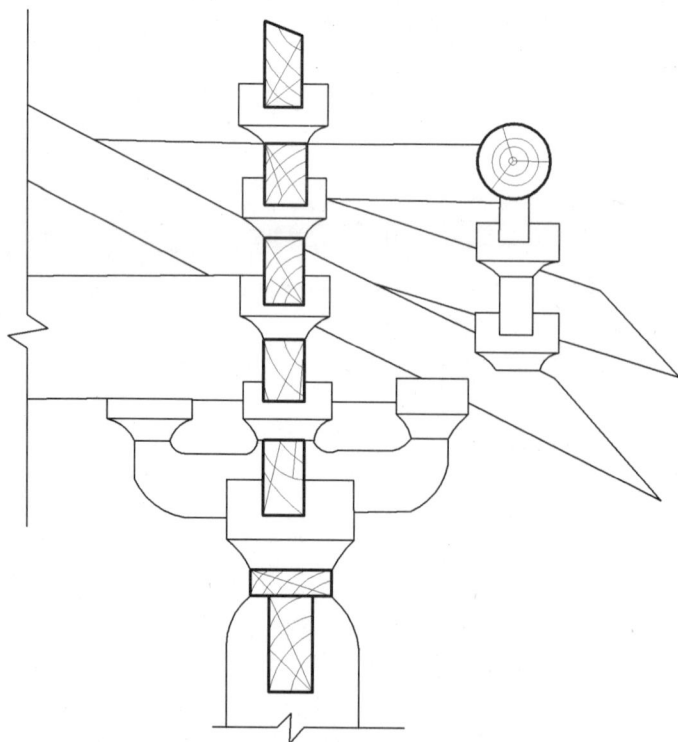

榆次宋代永寿寺雨花宫柱头斗栱中的昂形耍头

图六四　五代昂式耍头与宋代昂形耍头对照图

与替木相交压于檐槫下，身尾伸入槽内压于剳牵或平梁下，具有昂的部分功能，应为负有功能的"昂式耍头"。

Ⅲ型、批竹形耍头。唐、五代遗构中较多的使用了一种平行于地面、昂面斜杀的"批竹形"耍头，柱头斗栱和补间斗栱都有使用。五台南禅寺大殿是由六椽栿缴背伸出作耍头，长子玉皇庙前殿山面后槽平置耍头亦是丁栿的缴背。该类型的典型做法为五铺作里外双抄，耍头压于里外跳头上，多用于补间。自南禅寺大殿以后，此型耍头成为五代至北宋中期以前的普遍做法。唐、五代以批竹形耍头为主，宋代出现了蚂蚱形耍头。

Ⅳ型、翼形耍头。五台佛光寺东大殿翼形耍头平置于上层昂上与令栱相交，形状呈翼形，与宋《营造法式》七铺作双抄双下昂做法类似（图六三）。平遥镇国寺万佛殿与宋《营造法式》的做法无异。此后的辽代建筑多承袭此法，如蓟县独乐寺观音阁、义县奉国寺大殿和应县木塔等。辽代以直头耍头居多。

（五）昂式耍头和昂形耍头

耍头最早的形象出现在敦煌石窟盛唐时期的壁画中，与昂的形象无异。其差别只是在令栱以下的是昂，与令栱相交者是耍头。其内部结构情况和形象不得而知。时至中唐、晚唐，耍头的形象在敦煌石窟壁画中的表现始终如一。山西原有唐至五代的遗构中，没有昂形耍头的表现，耍头都平行于地面，多为批竹形。所幸的是在新发现的五代建筑玉皇庙前殿和碧云寺正殿保留了昂形的耍头。此二例耍头身尾压在平梁或剳牵下，具有杠杆作用，除未出跳外与昂无异。北宋初的长子崇庆寺千佛殿、高平开化寺大殿仍然使用了这种耍头。据此可以推论，敦煌石窟壁画中表现的昂形耍头应当是不出跳的，具有与昂相同功用的"昂式耍头"应是耍头的最初形态。

榆次永寿寺雨花宫和太原晋祠圣母殿的耍头已不具有杠杆作用，是斜置于真昂上与其同形的"昂形耍头"。由于两种耍头在结构上的作用是完全不同的，固不能一概而论（图六四）。

（六）耍头的变迁

唐代壁画中反映出的耍头，从盛唐自晚唐多是与昂形象一致的耍头，昂尖向下，指向地面。具体实例中自中唐至五代，耍头都是短促的批竹形，尖身向前，平行于地面。例如，五台南禅寺大殿和佛光寺东大殿、平遥镇国寺万佛殿和平顺大云院弥陀殿都是如此。五代新发现的批竹形"昂式耍头"和"昂形耍头"，嘴斫尖呈箭镞状，嘴尖斜向地面，还出现了双层的昂式耍头。长子碧云寺正殿和玉皇庙前殿都是此构。这可能是更早期昂和耍

1.批竹形耍头与翼形耍头

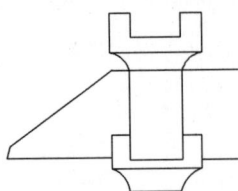

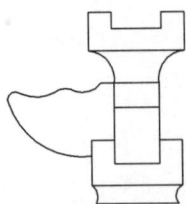

平遥镇国寺万佛殿　　　　平顺大云院弥陀殿　　　　平顺大云院弥陀殿

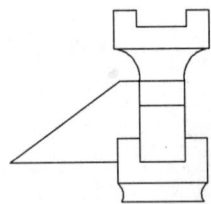

2.昂形耍头与昂式耍头

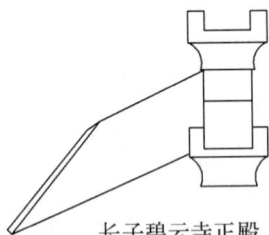

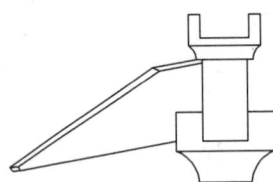

长子碧云寺正殿　　　　长子玉皇庙前殿　　　　长子玉皇庙前殿

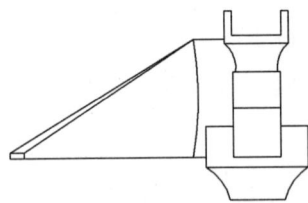

3.蚂蚱形耍头

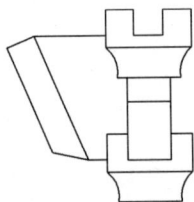

正定文庙大成殿　　　　宋《营造法式》

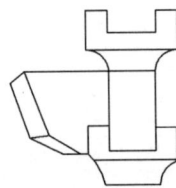

图六五　五代耍头类型实例图

双要头

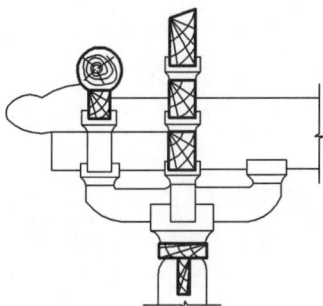

太谷安禅寺藏经殿　　　　　五台延庆寺大佛殿

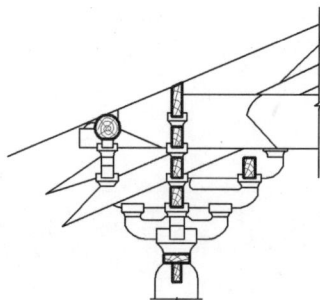

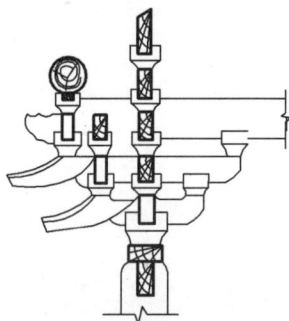

翼形要头

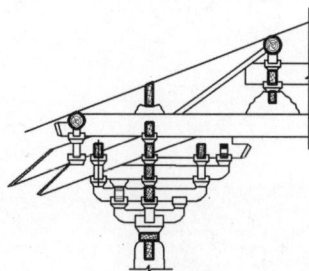

太原晋祠圣母殿下檐　　　　阳泉关王庙正殿

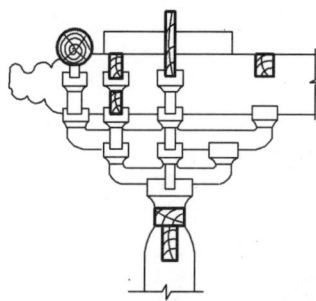

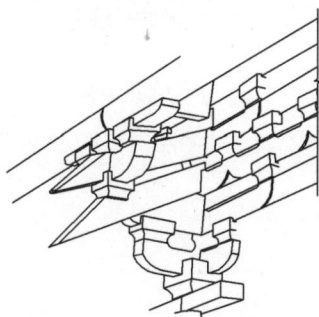

昂式要头

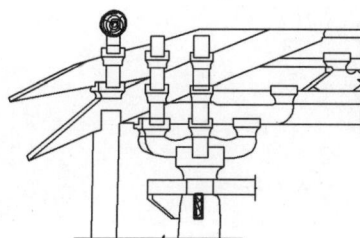

长子崇庆寺千佛殿　　　　　平顺龙门寺大雄宝殿

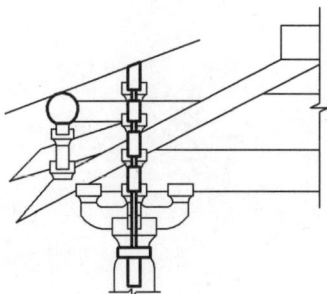

昂形要头

榆次永寿寺雨花宫　　　　　太原晋祠圣母殿上檐

图六六　宋代要头类型实例图

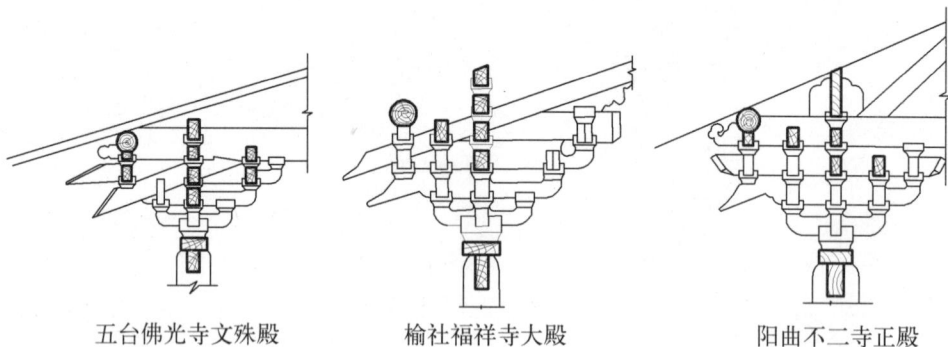

五台佛光寺文殊殿　　　　　榆社福祥寺大殿　　　　　阳曲不二寺正殿

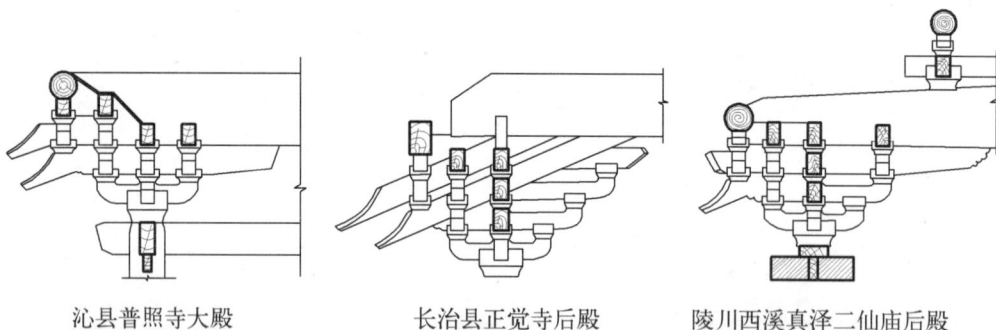

沁县普照寺大殿　　　　　长治县正觉寺后殿　　　　陵川西溪真泽二仙庙后殿

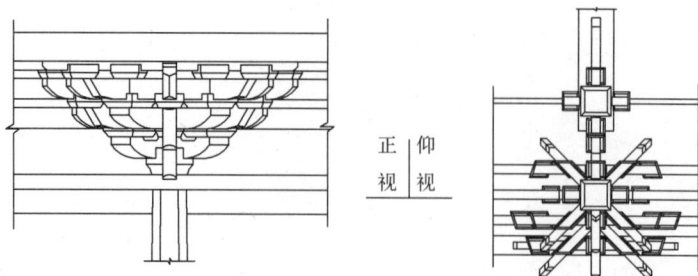

正视　仰视

襄垣太平灵泽王庙大殿

图六七　金代耍头类型实例图

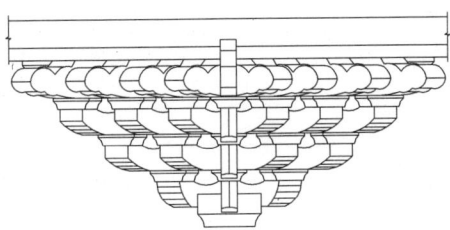

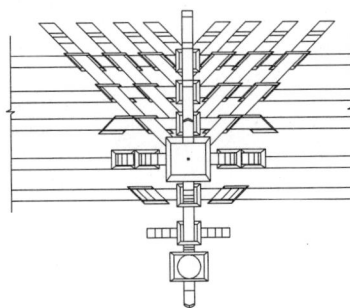

襄垣五龙庙大殿

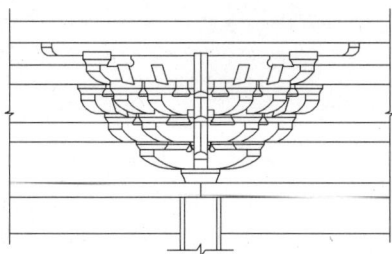

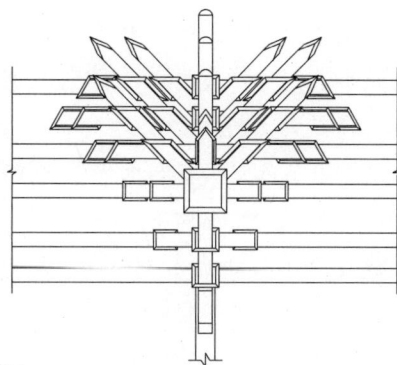

潞城郭家庄大禹庙大殿

图六八　元代耍头类型实例图

头构造的遗痕。此二例在里耍头或劄牵尾都出现了蚂蚱头样式（图六五）。

辽代承袭了唐代平行于地面的短促的批竹形耍头，用于昂上的耍头多为直头。其实例有蓟县独乐寺观音阁、义县奉国寺大殿和应县木塔等。

宋代耍头多为蚂蚱形，也有翼形耍头和双耍头使用，用昂的斗栱则多为昂式耍头或昂形耍头。太谷安禅寺藏经殿（公元1001年）、五台延庆寺大佛殿（公元1035年）使用了双耍头。这是五代以后较早使用的双耍头。太原晋祠圣母殿下檐（公元1023年）、阳泉关王庙正殿（公元1122年）等都用了翼形耍头。高平开化寺大雄宝殿（公元1073年）、长子崇庆寺千佛殿（公元1016年）、平顺龙门寺大雄宝殿采用了昂式耍头。永寿寺雨花宫（公元1008年）、晋祠圣母殿上檐则为昂形耍头（图六六）。

金代初期，唐、辽、宋耍头形制大多被承袭，并有发展。此后出现了栿头伸出做耍头，使前代单材出头变成足材或更大。金中期以后，批竹形耍头消失，代之以北宋晚期出现的琴面式昂形耍头，并与蚂蚱形耍头一起成为主流，同时出现了耍头尾延长为大楂头压跳承栿的做法。晋北大同善化寺大雄宝殿（公元1123～1148年）栿头伸出做耍头，样式承袭辽制，为短促批竹昂式。五台佛光寺文殊殿（公元1137年）乳栿伸出做上层耍头（翼形），下层为批竹式昂形耍头。晋中榆社福祥寺大殿（公元1161～1189年）为昂式耍头。阳曲不二寺正殿（公元1195年）为双耍头，上层翼形耍头由乳栿伸出制成。晋东南沁县普照寺大殿（公元1161～1189年）的栿头伸出制成琴面式昂形耍头。长治县正觉寺后殿（公元1169年）后檐耍头尾出楂头承栿。陵川西溪真泽二仙庙后殿（公元1142年）后檐耍头尾出楂头承栿。由于斜栱的大量使用，在一朵斗栱中出现多缝耍头。佛光寺文殊殿补间斗栱正身耍头两侧分别各出两缝耍头。襄垣太平灵泽王庙大殿（公元1210年）出正侧三缝耍头（图六七）。

入元以后，耍头基本承袭了金代的形制和结构特征，昂形耍头随昂的变化而改变，单材的蚂蚱形耍头已不为主流，出现了云头、花头、龙头。斜栱更加盛行。潞城郭家庄大禹庙大殿（公元1306年）在明间补间斗栱的正身耍头两侧，各出四缝斜耍头，分别为蚂蚱头、龙头间隔伸出。襄垣五龙庙大殿（公元1350年）补间斗栱正身两侧各出四缝云形耍头。该二例各出了九缝耍头，可谓耍头之大观，也是有元一代所特有的耍头做法（图六八）。

明、清两代，斗栱结构功能退化，用材缩小，耍头更以装饰为主。其中以龙头成为主流，另有象头、如意头、三浮云、麻叶头等，式样丰富，造型各异，真可谓千姿百态，华丽精美。

（七）结　语

　　耍头是宋《营造法式》所讲的铺作中必须的结构构件。耍头的形象始见于盛唐，在敦煌石窟盛唐壁画中始终是表现为昂形构件。时至中唐、晚唐，具体的实例有批竹形和翼形两种耍头。此期耍头的使用并不是结构所必须。最早出现的当是具有杠杆作用的昂式耍头，此后出现了昂形耍头。进入宋代，耍头成为斗栱结构的必须构件。随后，耍头在斗栱中的使用从未间断。

四　浅析华头子的起源和变迁

华头子是早期木结构建筑斗栱组合中常见的一种构件，在宋《营造法式》中有规定的做法，是"宋式大木作斗栱组合中构件部位名称"[1]。此构件用于昂下，与昂斜切，于斗口处略出头后做成卷瓣，身后做华栱，故名华头子。

（一）华头子的最早实例

华头子之制始于宋代，是宋、金、元建筑普遍采用的做法。其最早的实例当属宋初的山西高平游仙寺毗卢殿（公元990~994年），南方建筑中则见于浙江宁波保国寺大殿（公元1013年）[2]。这反映出它在南北方同时使用和出现的一致性。此后的长子崇庆寺千佛殿（公元1016年）、陵川南吉祥寺前殿（公元1030年）都使用了华头子，但亦有不使用者如榆次的永寿寺雨花宫（公元1008年）、高平开化寺大雄宝殿（公元1073年）和朔州崇福寺弥陀殿（公元1143年）等。

（二）华头子出现的背景

从唐代壁画和壁画墓有关的斗栱形象中都没有看到昂下有华头子的表现。初唐尚无用下昂的描绘，更没有华头子的使用。敦煌莫高窟盛唐第172窟、中唐第231窟、晚唐第85窟、五代第146窟的昂下都无华头子。在日本早期木构建筑"飞鸟样"的法隆寺金堂、"白凤样"的药师寺东塔、"天平样"的唐招提寺金堂都没有华头子的表现。在国内遗构中，唐代五台佛光寺东大殿（公元857年）、五代平遥镇国寺万佛殿（公元962年）与敦煌石窟壁画中的表现一样，昂下也都没有华头子出现。值得注意的是，蓟县独乐寺观音阁（公元984年）、义县奉国寺大雄宝殿（公元1020年）、应县木塔（公元1056年）等辽代建筑更没有一例是昂下使用华头子的。在辽辖区内时至公元1056年（北宋立国近100年），尚未有华头子使用。这是辽、宋不同的建筑特征之一，也是辽袭唐制的又一例证。由此我们可以断定，华头子的使用应始于北宋初年，其出现不会早于五代（图六九）。

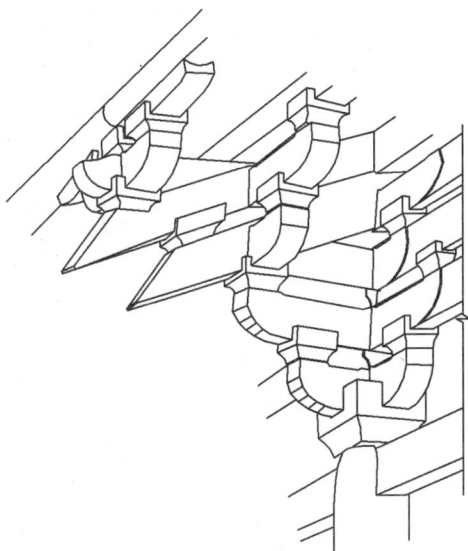

五台佛光寺东大殿（唐）无华头子　　　　　平遥镇国寺万佛殿（五代）无华头子

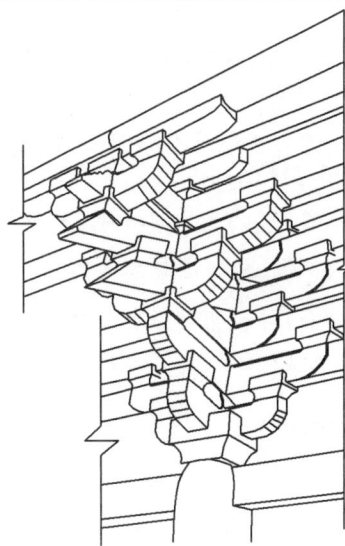

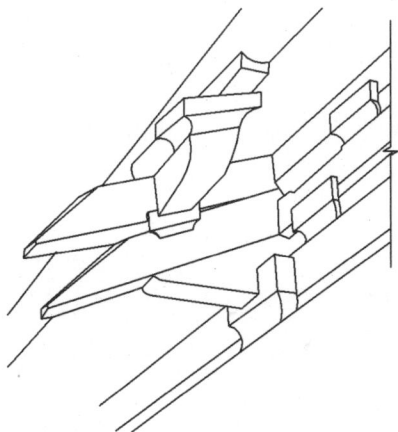

长子碧云寺正殿（五代）华栱头子　　　　　陵川南吉祥寺前殿（宋）单瓣华头子

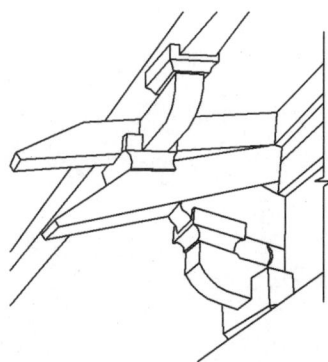

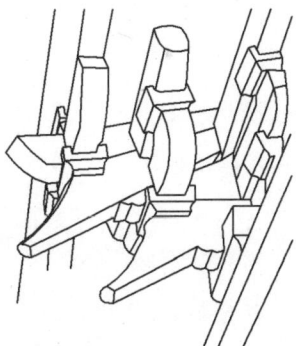

长子崔府君庙大殿（金）双瓣华头子　　　　长治府城隍庙中殿（元）箭镞

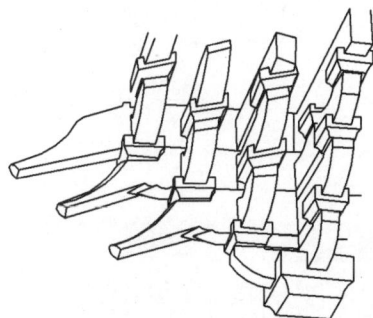

图六九　唐至元华头子式样演变图

（三）华头子的雏形

从山西高平崇明寺中殿和宁波保国寺大殿的华头子看，在外用于一跳华栱上，出头与下昂斜切，在内为二跳抄栱。在昂身下形成一块楔形构件，用以承垫斜置的昂身。其构件形象表现为华栱外跳将卷头斜杀，可称之为"杀斜尾栱"[3]。这种形象的栱最早表现在佛光寺东大殿斗栱里转第四跳华栱栱头隐刻，在外与昂身斜切，四椽栿（明栿）背上华栱在外与平棊斜切（隐刻卷头）。此后镇国寺万佛殿平梁、四椽栿下攀间栱与托脚斜切，六椽栿（明栿）背攀间栱与昂尾斜切。出于檐外与昂斜切者见于平顺大云院弥陀殿45°角耍头下和长子碧云寺正殿柱头斗栱耍头下。

碧云寺正殿华头子是由栌斗口伸出，与昂身斜切，共同完成出跳。这种做法后世再未见到，显然与高平游仙寺毗卢殿和宁波保国寺大殿的华头子有很大的差异，也与宋《营造法式》的规制不同。五台佛光寺东大殿、平遥镇国寺万佛殿的表现虽形象一致，但只能称为"杀斜尾栱"，不能称做华头子（图七〇）。福州华林寺大殿昂下乳栿出头，也不是华栱头子的做法。平顺大云院弥陀殿无论位置、样式都类似华头子，在内却非抄栱，也只能是类华头子的表现。长子碧云寺正殿的这一构件，只是伸出过长和协助出跳的做法与后世略有差异，应称为"华栱头子"，当属华头子的雏形。

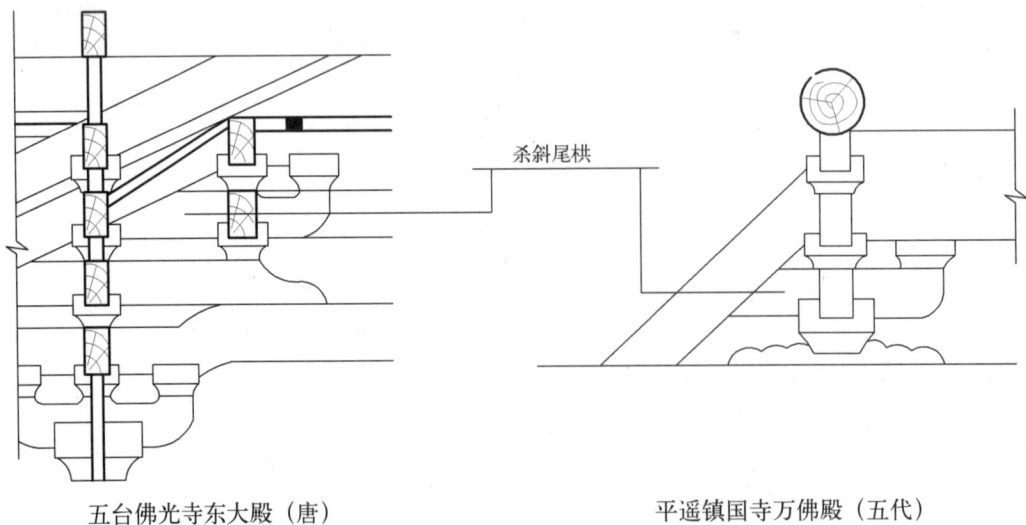

杀斜尾栱

五台佛光寺东大殿（唐）　　　　　平遥镇国寺万佛殿（五代）

图七〇　唐、五代杀斜尾栱示意图

（四）华头子的原始做法

从五台佛光寺东大殿昂身与华栱的结构反映，在昂身和华栱间产生了三角形的空档，故而将华栱一头斜切作为昂身下的楔形承垫，另一头作为里转的出跳弥补里转高度的不足。这种结构之需正是华头子产生的背景。

再看长子碧云寺正殿的表现，一跳华栱在外斜杀，昂式耍头斜置其上。结合日本"飞鸟样"建筑中"尾垂木"与其下的承挑结构来分析，二者构造方式非常类似。这种现象表明此做法是早于佛光寺东大殿的斜切栱头。然而到了日本"白凤样"时期，不仅没有出现前华头子后抄栱的式样，反而"尾垂木"直接由二跳华栱上小斗口伸出，原来伸出檐外承挑在"尾垂木"下的构件退至二跳华栱栱头内，与"尾垂木"斜切，近同于佛光寺东大殿做法。碧云寺正殿的做法是"飞鸟样"的延续。从其结构做法更为原始的表现看，显然不是在华头子做法产生以后伸出过长的另类表现，应视为华头子的原始做法。

（五）华头子的演变

在晋东南地区的高平游仙寺中殿出现了第一例华头子。其做法是单卷瓣，上承批竹形昂。此法延至北宋晚期的平顺龙门寺大雄宝殿（公元1089年）。从能看到的实例资料反映，这一时期有不使用华头子的，但用华头子的无一例外都是单卷瓣，昂为批竹形。从建于北宋元符三年（公元1100年）的平顺九天圣母庙圣母殿开始，出现了双卷瓣的华头子，同时其上的昂面出现颤面，即琴面昂出现。至此，批竹形昂及单卷瓣华头子在晋东南地区消失，由此成为宋、金两代昂与华头子形制特征的分水岭。其他地区批竹形昂和单卷瓣华头子的使用虽有延续，但用双瓣华头子的一定出自金代，而且上昂一定为琴面式，从北到南莫不如此（图七一）。例如，晋北的大同善化寺二圣殿（公元1128～1143年）、佛光寺文殊殿（公元1137年）为批竹昂单瓣华头子，晋中的太原阳曲不二寺正殿（公元1195年）、平遥慈相寺大雄宝殿（公元1123～1137年）为琴面昂双瓣华头子，晋南的绛县太阴寺大殿（公元1170年）为琴面昂双瓣华头子，晋东南已知遗构中最早的金代建筑为琴面昂双瓣华头子。此期同时伴以插昂和假昂的出现和流行，使用真昂的只偶见其间。在与山西毗邻的河南少林寺初祖庵（公元1125年）使用了琴面昂双瓣华头子，济源奉仙观三清殿（公元1184年）也为琴面昂双瓣华头子。可以肯定在公元12世纪初的北宋末金代初年单瓣的华头子已经消失，双瓣的华头子开始流行，同时批竹形真昂的使用只是偶有为之。这一时期的另一个特征是假华头子的出现，应是使用假昂之故。

金中期以后，华头子样式又有所改变。华头子于端部斫尖，两层叠涩于昂折弯处，称

琴面昂

两瓣

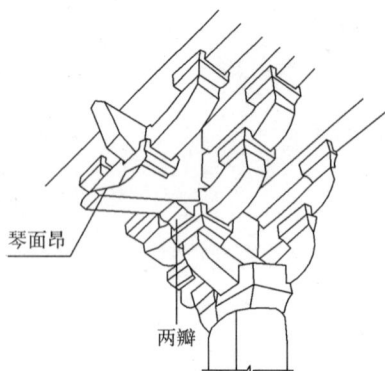

登封少林寺初祖庵（宋）

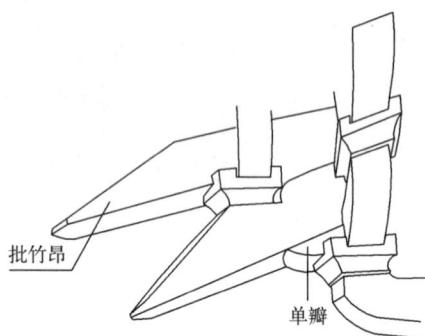

批竹昂

单瓣

平顺龙门寺大雄宝殿（宋）

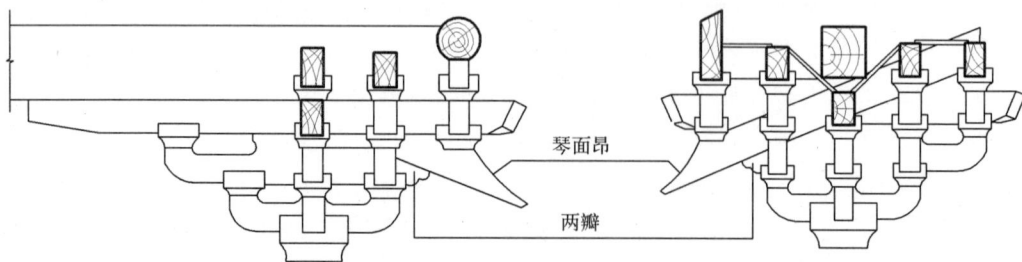

琴面昂

两瓣

平顺县九天圣母庙圣母殿（宋）

宋《营造法式》

图七一　北宋晚期双瓣华头子与宋《营造法式》对照图

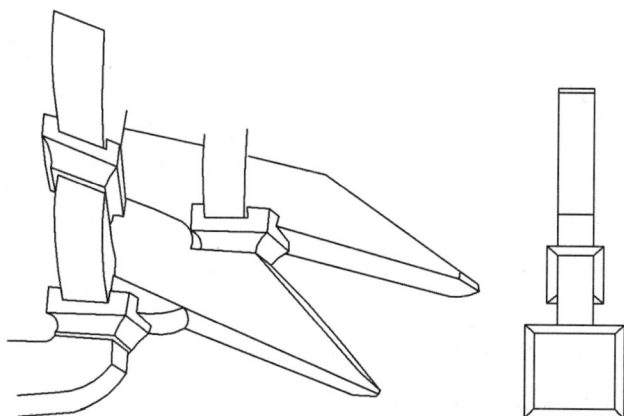

平顺龙门寺大雄宝殿（宋）

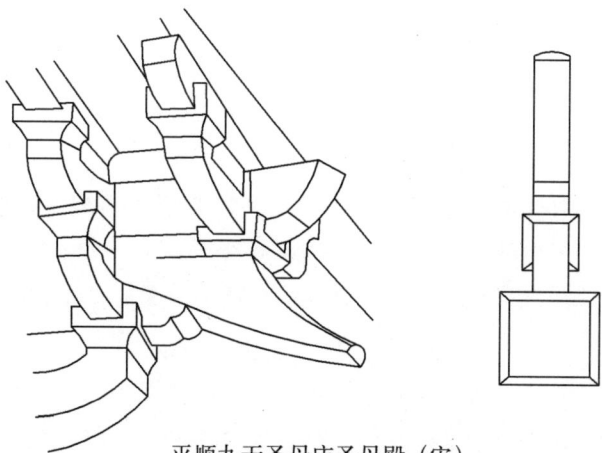

平顺九天圣母庙圣母殿（宋）

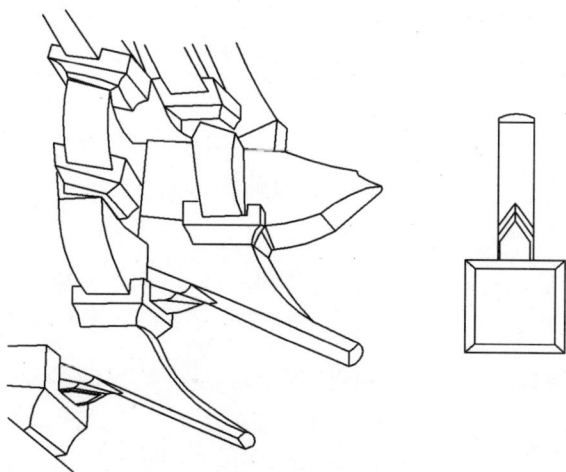

襄垣太平灵泽王庙大殿（金）

图七二 宋、金华头子式样图

为"刻尖"或"箭簇"式。长治地区首例见于金大定二十七年（公元1187年）创建的襄垣郭庄昭泽王庙大殿。此后华头子出现各种不同的刻法，而两瓣的华头子还偶有使用。在金中晚期的六例中亦有两卷瓣者，如长子下霍三嵕庙大殿（公元1194年）的两卷瓣，襄垣太平灵泽王庙大殿（公元1210年）的"刻尖"二层，长子韩坊尧王庙大殿（公元1221年）的下昂两卷瓣和昂形耍头下"刻尖"两层，武乡会仙观三清殿（公元1229年）的"刻尖"叠出三层。元代以后，两瓣者已较为少见了（图七二）。

有元一代，双卷瓣者仍偶有使用，但形制与金代已完全不同。多数华头子为"刻尖"叠出，但刻法样式增多（亦有刻直线者），装饰意味加重。至此，华头子开始走向衰退，完全退出与铺作的结构组合，而成为假昂下与昂连身制作的装饰。

在晋北自金代有崇福寺弥陀殿（公元1143年）的批竹形昂不用华头子、佛光寺文殊殿（公元1137年）的批竹形昂用单卷瓣华头子和善化寺三圣殿（公元1128～1143年）的双卷瓣华头子以及琴面式昂的做法。三座建筑的创立相距在15年以内，但却表现出宋初至金代三个阶段昂、华头子的形制特征，反映出金灭辽后在与北宋的征战中不断掳掠中原工匠，从而使其营造技术迅速融合和进步的过程。三座建筑铺作的结构形制与辽制铺作有很大差异[4]。崇福寺弥陀殿表现出宋初的特征，佛光寺文殊殿则反映出宋代中期的特征，而善化寺三圣殿则完全体现出宋末金初的典型特征。

南方的浙江宁波保国寺大殿（公元1013年）则早于北方，出现了与宋《营造法式》相近的两卷瓣华头子和琴面式昂。此殿的做法与北方山西平顺九天圣母庙圣母殿（公元1100年）的相同实例对比，早了近百年。由于南方早期遗构实例较少，难以对照讨论，这种现象尚难认知[5]。

（六）结　论

华头子的雏形始于五代。唐代虽有华头子形制的栱，但终未出现华头子。辽袭唐制，未见华头子。华头子最早的实例当属宋初的高平游仙寺毗卢殿。华头子出现以后，其形制样式和昂的结构关系可分为三个阶段：第一阶段为华头子单卷瓣，与栱身连体制成。在外斜杀栱尾，与昂身斜切，在内为抄栱。在结构上起承垫作用，称为"真华头子"。其时代在宋初至宋末。第二阶段分为两种形制。Ⅰ型此期出现插昂，昂已不做伸入梁栿和内槽的昂身，仅保留昂嘴做为装饰，没有了原先的结构功能。前出的栱身杀斜出头斫成两卷瓣，与插昂斜切，仍是"真华头子"。Ⅱ型假昂出现，昂嘴与栱连体。华头子在昂下刻作两卷瓣，称为"假华头子"。此法出现于宋末至金代中叶，真昂尚未绝迹，偶有使用。第三阶段为假昂普遍使用，在昂身下华头子斫尖分两层或三层叠涩而出，称为"隐刻华头子"。从金代中期延至明初，"隐刻"出多种样式的华头子。此后，华头子逐渐退出斗栱结构。

注　释

[1] 王效青主编《中国古建筑术语词典》，山西人民出版社1996年版。

[2] 福州五代华林寺大殿有乳栿出于昂下的类华头子。

[3] 山西宋、金建筑梁栿之间隔架用斗栱时，出跳的华栱在外将栱头杀斜，并与托脚以斜切方式搭交。

[4] 批竹昂面身起棱，嘴部斫尖，身下置华头子和三圣殿的琴面式昂、蚂蚱形（已出颤）耍头、两瓣华头子等都是辽式铺作中没有见到的做法。直截式耍头、平出而短促的批竹形昂这些辽式特征已完全消失。

[5] 此做法可能是源于福州华林寺大殿乳栿的两瓣出头。

五　细节小议

中国古建筑的细节特征历来倍受前辈学者的关注，并多有论述。在判断长治新发现的两座五代建筑的时代时，对其曾认真研读，深受其益，感受颇深，故而引发小议如下：

（一）皿　斗

关于皿斗，傅熹年、郭黛姮、王贵祥等前辈都曾有论述。北方地区在北朝石刻文物中已有表现，但在此后的木构实例中却甚少发现。此两例五代建筑中发现的皿斗，一种与云冈第9窟窟檐之斗非常类似，一种则与义慈惠石柱方亭上之斗相似。在山西众多的早期建筑中，皿斗似乎早已失传。我们在考证讨论中仍引用了这一观点。诸位专家认为唐以后北方建筑中皿斗已不再得见，皿斗已成为南方早期建筑的地域性特征。因此，我们将上述两例视为罕例。

最近，我们就皿斗是否失传的问题，专程对晋东南部分宋代建筑进行了调查，发现大多数宋代建筑的斗底都有如傅熹年先生所述"栌斗底下缘外突，然后向内抹一斜棱，棱下又有一极窄的垂直边"的现象。所不同的是，Ⅰ型斗欹颐底外突的后边棱斜抹内收，形成0.5～2厘米不等的斜边棱，棱下无垂直边，具体实例如高平开化寺的大雄宝殿。Ⅱ型斗欹颐底外突以后不抹斜边，直接做1～1.5厘米高的垂直边棱，更似一块与斗底连体的皿板，具体实例如平顺龙门寺大雄宝殿。此两型斗底的形式在栌斗、散斗、交互斗都有表现。没有发现有如上述两例五代建筑中斗底斜边3～3.5厘米样式的斗（图七三）。

虽未目睹过南方早期建筑"皿斗"的具体式样，仅就前辈学者的描述判断，我们认为以上宋代的两型斗底的表现可以肯定是北方早期建筑中皿板退化后所留遗迹，亦是北朝石窟中斗底式样的延续。

（二）栱　头

山西唐、五代建筑栱头分瓣内颐的做法似为定式。宋代栱头分瓣为之，但已无内颐。金、元栱头则是无颐无瓣的做法，栱头斫制成圆滑的曲线，时代特征比较清晰。唐代栱头

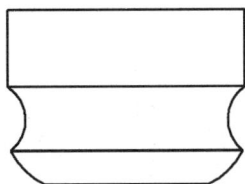

云冈第9窟窟檐

云冈第12窟屋形龛

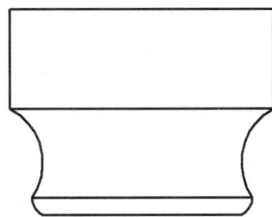

义慈惠石柱方亭

南北朝皿斗

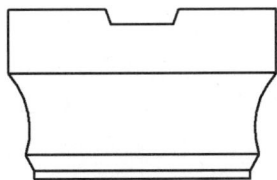

福州华林寺大殿

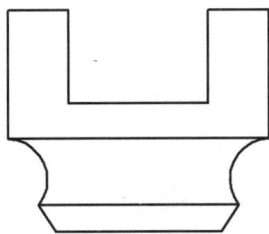

长子碧云寺正殿

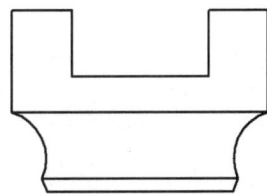

长子玉皇庙前殿

五代皿斗

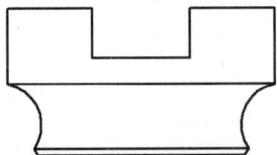

高平开化寺大雄宝殿Ⅰ型

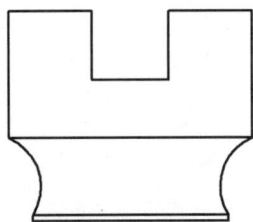

平顺龙门寺大雄宝殿Ⅱ型

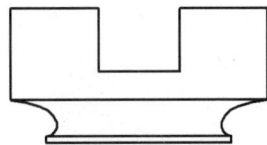

泽州二仙庙大殿

宋代皿斗

图七三 南北朝至宋皿斗类型图

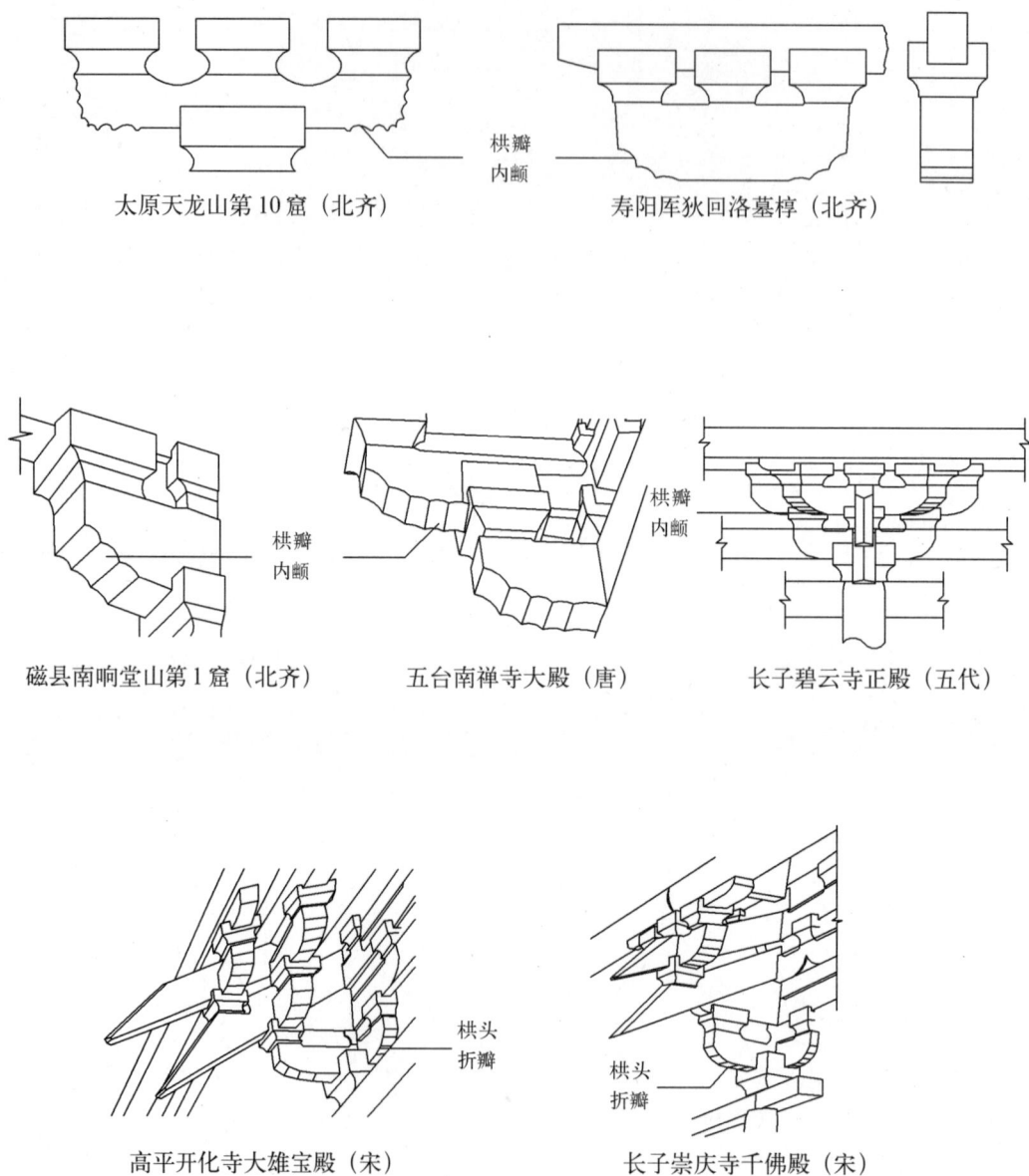

太原天龙山第10窟（北齐）　　　　　　　　　寿阳厍狄回洛墓椁（北齐）

栱瓣
内颤

磁县南响堂山第1窟（北齐）　　五台南禅寺大殿（唐）　　长子碧云寺正殿（五代）

栱瓣
内颤

栱瓣
内颤

高平开化寺大雄宝殿（宋）　　　长子崇庆寺千佛殿（宋）

栱头
折瓣

栱头
折瓣

图七四　北齐至宋栱头做法示意图

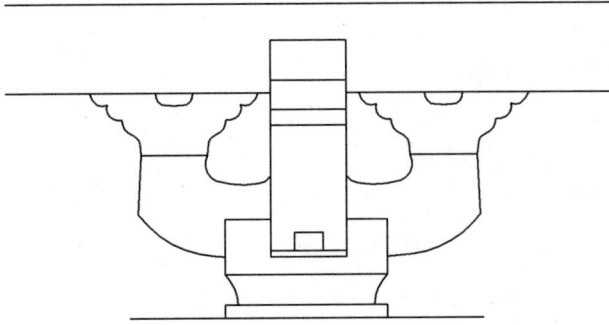

日本法隆寺五重塔二层南面斗栱（公元 7 世纪后期）

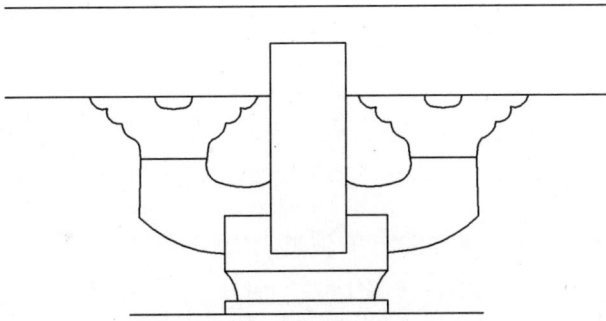

日本法起寺三重塔三层南面斗栱（公元 706 年）

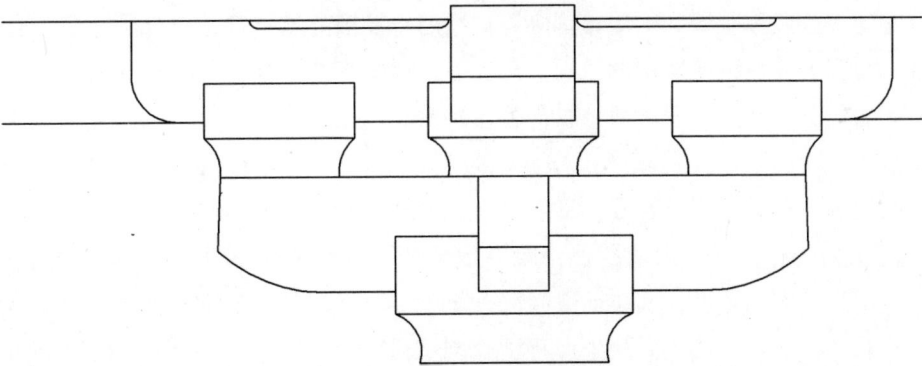

长子玉皇庙前殿斗栱（五代）

图七五　早期建筑栱头外撇示意图

内颤之法是对太原天龙山北齐窟檐栱头做法的承袭。在大同云冈石窟北魏诸窟仿木结构窟檐和宋绍祖墓石椁前廊的栱头上都看不到内颤的做法。当时仅北齐独有，并遗为唐制（图七四）。

长子玉皇庙前殿仅在东北角一跳角华栱里转栱头有五瓣内颤，其余满堂斗栱都是无瓣无颤的栱头。此栱头另外一个特征是栱头自上留始微向外张 0.5~1 厘米，曲线段较小。其外张的倾向略如日本"飞鸟样"建筑的栱头无颤无瓣的做法，又如福州五代华林寺大殿的栱头。王贵祥先生以为"栱头卷杀无瓣的做法，隋、唐早期曾有流行"。以金代无颤无瓣式栱头特征作对照，该殿栱头曲度和圆弧长度都小于金代，其无栱眼和足材栱栔与栱身等特征更是金、元所没有的，那么只有一种可能便是有如华林寺大殿的栱头，是"隋、唐早期曾有流行"的式样，可谓山西唐、五代建筑中的孤例（图七五）。

（三）栱　长

张十庆先生认为"唐及辽宋初期，有泥道栱略长于令栱的做法"。"这一时期令栱愈晚愈长的演变特性，甚至成为判定相应建筑的时代性和地域性的一个重要特征"。梁思成、刘敦桢先生在《大同古建筑调查报告》中对大同金代建筑各栱之长"然竟无一处与辽式一致，其故令人莫解"。"瓜子栱又小于泥道栱"，在"辽代遗例中亦见这一特色"。杨烈先生考平顺大云院弥陀殿和平遥镇国寺万佛殿后也发现泥道栱皆长于令栱。综合上述前辈的考证，再来看其他早期遗例的数据。唐代五台南禅寺大殿令栱长 123 厘米，泥道栱长 113 厘米。唐代五台佛光寺东大殿令栱与泥道栱等长。五代福州华林寺大殿令栱长 116 厘米，泥道栱长 144 厘米。五代长子玉皇庙前殿斜令栱内长 106.5 厘米，外长 93 厘米，泥道栱长 109 厘米。五代长子碧云寺正殿斜令栱内长 108 厘米，外长 84 厘米，泥道栱长 150 厘米，隐刻栱长 94 厘米。宋代游仙寺毗卢殿斜令栱内长 1090 厘米，外长 970 厘米，泥道栱长 970 厘米。宋代泽州二仙庙正殿（公元 1117 年）令栱内长 1000 厘米，外长 840 厘米，泥道栱长 990 厘米。辽代大同华严寺薄伽教藏殿令栱长 99 厘米，泥道栱长 119 厘米。辽代宝坻广济寺三大士殿令栱长 104 厘米，泥道栱长 118 厘米。金代大同善化寺三圣殿令栱、泥道栱同为长 126 厘米，山门令栱长 106 厘米，泥道栱长 122 厘米。晋东南的金代长子上坊成汤王庙大殿令栱长 114 厘米，泥道栱长 87 厘米。金代长子下霍三嵕庙大殿令栱长 97 厘米，泥道栱长 84 厘米。

五代至金泥道栱、令栱长度比较表

单位：厘米

时代	名称	年代	泥道栱	令栱
宋	《营造法式》	公元 1103 年	62 分	72 分
五代	平顺大云院弥陀殿	公元 938～940 年	105	89
五代	平遥镇国寺万佛殿	公元 963 年	102	90
五代	长子布村玉皇庙前殿	公元 907～960 年	109	106.5
五代	长子小张村碧云寺正殿	公元 907～960 年	94	84
辽	独乐寺山门	公元 984 年	73.1	67.5
辽	广济寺三大士殿	公元 1024 年	75.4	66.4
辽	华严寺薄伽教藏殿	公元 1038 年	75.9	66.4
辽	华严寺壁藏	公元 907～1125 年	67.7	60.9
辽	善化寺大雄宝殿	公元 907～1125 年	64.1	61.8
辽	善化寺普贤阁上檐	公元 907～1234 年	73.0	58.3
辽	义县奉国寺正殿	公元 1020 年	70.6	60.0
金	华严寺大雄宝殿	公元 1140 年	61.0	61.0
金	善华寺三圣殿	公元 1128～1143 年	72.7	72.7
金	善华寺山门	公元 1128～1143 年	67.5	74.4
金	长子上坊成汤王庙大殿	公元 1141 年	97	114
金	长治李坊弘福寺眼光殿	公元 1163 年	87	89
金	长子下霍三嵝庙大殿	公元 1194 年	84	97
金	长子韩坊尧王庙大殿	公元 1218 年	84	外长 89 内长 115

唐至金令栱与泥道栱长度比较表

时代	名称	令栱长于泥道栱	泥道栱长于令栱	令栱泥道栱等长
唐	南禅寺大殿	■		
唐	佛光寺东大殿			■
五代	大云院弥陀殿		■	
五代	镇国寺万佛殿		■	
五代	碧云寺正殿		■	
五代	玉皇庙前殿		■	

续表

时代	名称	令栱长于泥道栱	泥道栱长于令栱	令栱泥道栱等长
辽	独乐寺山门		■	
	广济寺三大士殿		■	
	华严寺薄伽教藏殿		■	
	华严寺壁藏		■	
	善化寺大雄宝殿		■	
	善化寺普贤阁上檐		■	
	义县奉国寺正殿		■	
宋	游仙寺毗卢殿	■		
	泽州二仙庙	■		
金	华严寺大雄宝殿			■
	善化寺三圣殿			■
	善化寺山门	■		
	上坊成汤王庙大殿	■		
	李坊弘福寺眼光殿	■		
	下霍三嵕庙大殿	■		
	韩坊尧王庙大殿	■		

　　从上述遗例和图表中不难看出令栱与泥道栱长度的变化：在唐、宋、金三代时令栱皆长于泥道栱或等长，仅有五代与辽代表现为泥道栱长于令栱。这一现象也令我们"莫解"。

（四）斗之比例

　　梁思成、刘敦桢先生对辽、金斗栱进行过详细的考证，认为"辽金栱之高厚——即材之广厚与宋式大体一致，惟其栌斗之长高比例……比较营造法式，未能尽合"。"栌斗全体之比例，宋辽金三代虽无显著之差别，然其局部比例，则辽金栌斗之欹较其自身之耳稍高"。杨烈先生考平顺大云院弥陀殿栌斗比例，其平为耳高之半与宋《营造法式》相同，其中耳高与欹的做法不仅与宋《营造法式》相异，就是在早期实例中也是少见的现象。

唐至金栌斗耳平欹尺寸表

单位：厘米

时代	名称	耳	平	欹
唐	五台南禅寺大殿	12	5	13
	芮城广仁王庙大殿	8	3	9
五代	平顺龙门寺西配殿	7	4.5	7.5
	平顺大云院弥陀殿	10	5	9
	福州华林寺大殿	9	8	20
	平遥镇国寺万佛殿	11	6.5	12.5
	小张村碧云寺正殿	10	4	11
	布村玉皇庙前殿	9.5	4.5	10
辽	蓟县独乐寺山门	11	8	13
	宝坻广济寺三大士殿	13	7	14
	大同华严寺薄伽教藏殿	4	7	14
	大同善化寺大雄宝殿	11	10	15
宋	晋城二仙庙正殿	10.5	4.5	6
	高平游仙寺毗卢殿	9.5	6	9.5
金	大同善化寺普贤阁	9	9	12
	大同善化寺三圣殿	15	7	18
	大同华严寺大雄宝殿	15	8	16
	长子韩坊尧王庙大殿	12	4.5	11
	长子下霍三峻庙大殿	10.5	4.5	10
宋	《营造法式》	8 分	4 分	8 分

从图表收录实例的耳、平、欹尺寸比例不难看出：唐、五代、辽代都表现出欹较其自身之耳稍高的特征。五代大云院弥陀殿是其中的个例。大同地区金代遗构承袭了辽制，欹有高于耳者。晋东南宋代遗构有耳高者，亦有与宋《营造法式》相近的耳欹同高的实例。金代又表现出耳略高于欹的做法。

通过上述四项细节分析，我们对新发现的两座五代遗构的时代特征有了更深入的认识。正是这些细节对两座遗构时代的判断起了至关重要的作用。据此而言，对细节的认识不仅是研究工作的必须，更重要的是对文物保护工程具有指导意义。在这次考察中，我们发现在以往历次维修中许多更替的小斗都已失去"皿斗"做法。由此，我们体会到工程设计者和实施者如果缺乏对细节手法的认识，在具体的维修过程中对文物"原真"性的破坏就无法避免了。

六　试论玉皇庙前殿、碧云寺正殿的价值

通过近三年在晋东南的古建调查，我们又有了两座五代时期木结构建筑的新发现。这不仅在古建遗构上增添了实例，更为重要的是在这两座建筑上又看到了一些以往同期建筑中所没有的结构、形制、构件和工艺做法。它们对于认识和研究唐、五代建筑结构、构件、做法的多元性，提供了重要素材。值得注意的是，这两座五代建筑相距仅 30 公里左右，距已发现的平顺晚唐天台庵弥陀殿、五代龙门寺西配殿和大云院弥陀殿不足百公里，从而使研究工作具备了同时期建筑相对集中、便于比较的地域优势，对于建筑史学研究具有非常重要的意义。

（一）早期建筑遗构的集中区域

目前国内基本认定的唐、五代建筑有九座，连同新发现的两座，共计十一座。按省域分布为福建省一座、河北省一座，其余九座都在山西。按省内区域分布为晋北两座、晋中一座、晋南一座，其余五座都保存在晋东南。由此可见，晋东南保存的早期建筑遗构几乎占到全国总数的近半数。此外，该地区尚保存有宋代初年的高平崇明寺中殿（公元 971 年）、高平游仙寺毗卢殿（公元 990～994 年）和长子崇庆寺千佛殿（公元 1016 年）。最早的距大云院弥陀殿三十一年，最晚的距五代五十六年。因此，这两座五代建筑的发现使该地区成为唐末至宋初木结构建筑遗构的集中区域，形成展示公元 10 世纪初至 11 世纪初的中国木结构建筑的文化核心地带。这种早期建筑的密集分布，使晋东南地区在中国古代建筑史的研究领域内具有了特殊的地位。其文化内涵寓于建筑之中（参见下表）。

晋东南唐至宋初建筑一览表

名　称	年　代	地　址
平顺天台庵弥陀殿	晚唐	平顺县王曲村
平顺龙门寺西配殿	五代后唐同光三年（公元 925 年）	平顺县石城村西 2.5 公里
平顺大云院弥陀殿	五代后晋天福三年至五年（公元 938～940 年）	平顺县石会村
长子碧云寺正殿	五代（公元 907～960 年）	长子县小张村

名　称	年　代	地　址
长子玉皇庙前殿	五代（公元 907~960 年）	长子县布村
高平崇明寺中殿	宋开宝四年（公元 971 年）	高平市郭家庄
高平游仙寺毗卢殿	宋淳化年间（公元 990~994 年）	高平市宰李村
长子崇庆寺千佛殿	宋大中祥符九年（公元 1016 年）	长子县紫云山腰

（二）斗栱类型的诠释

山西唐、五代建筑的斗栱结构类型较后世多样而丰富。晋东南地区此期斗栱的表现涵盖了所有同期实物所表现出的斗栱类型：1. 斗口跳，平顺天台庵弥陀殿。2. 双卷头，长子布村玉皇庙前殿。3. 双抄双下昂，高平崇明寺中殿。4. 单抄单下昂，昂栱并出一跳，长子碧云寺正殿。5. 单抄单下昂，耍头昂形，长子崇庆寺大殿。这种斗栱形制成为宋代插昂出现以前，用昂之铺作形制的主流式样（图七六）。

（三）华头子的雏形

山西唐、五代建筑中用昂的斗栱，昂下尚无华头子出现。华头子使用最早的一例是高平游仙寺毗卢殿（公元 990~994 年），而南方的早期实例则出现在宁波保国寺大殿（公元 1013 年）补间斗栱的昂下。长子碧云寺正殿柱头栌斗口内所出一跳华栱，栱头与下昂斜切，里转为抄栱。其结构做法与后世华头子无异，只是颇显硕大[1]。无独有偶。平顺大云院弥陀殿转角斗栱一跳 45°角华栱上也出现同类构件，只是身内又与上层里转华栱斜切。晋东南地区宋初遗构中有了华头子的使用，在宋中期以后方开始普遍运用。其式样为单卷瓣。宋末金初开始有了如保国寺大殿和《营造法式》中规定的双卷瓣式样。由此可以肯定，五代长子碧云寺正殿和平顺大云院弥陀殿昂下的华栱头子应为华头子做法的雏形（图七七）。

（四）昂形耍头和斜面令栱的先例

碧云寺正殿、玉皇庙前殿同时出现了昂形耍头和栱头看面砍斜的令栱。此前在敦煌石窟唐代壁画中有昂形耍头的表现。在唐代实例中或无耍头，或有批竹形平出耍头，或为五台佛光寺东大殿的翼形耍头。此两例昂形耍头无疑是唐至宋的首例。自宋代以后在用昂的

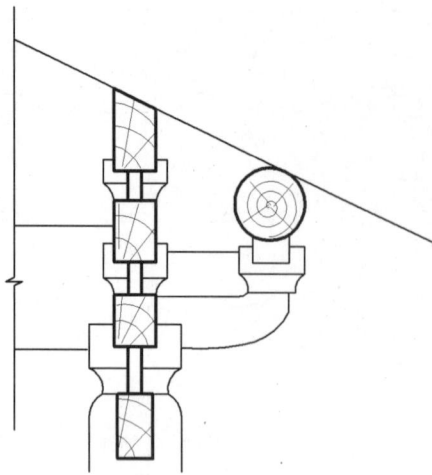

天台庵弥陀殿柱头斗栱(唐) 斗口跳　　　玉皇庙前殿柱头斗栱(五代) 双卷头

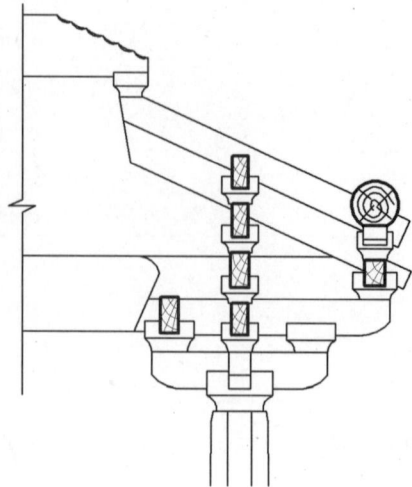

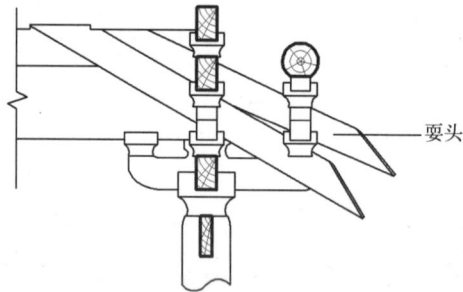

碧云寺正殿柱头斗栱（五代）栱昂并出一跳

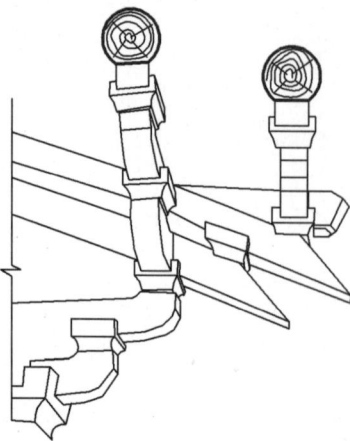

崇明寺千佛殿柱头斗栱(宋) 双抄双下昂　　　崇庆寺千佛殿柱头斗栱(宋) 单抄单下昂

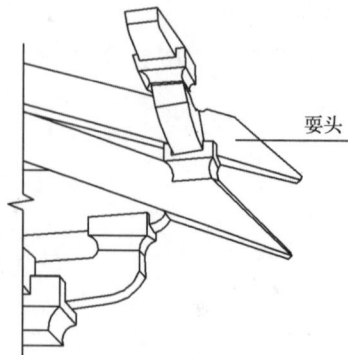

图七六　山西唐、五代、宋初斗栱结构类型示意图

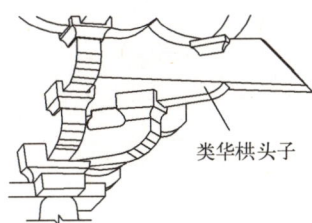

平顺大云院弥陀殿（五代）

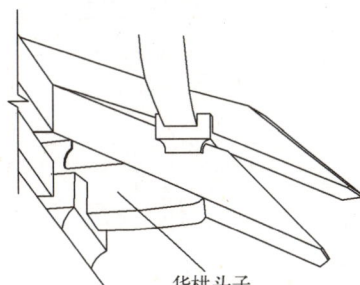

长子碧云寺正殿（五代）

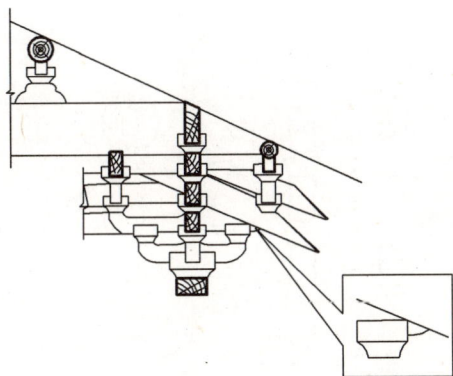

高平游仙寺毗卢殿（宋）

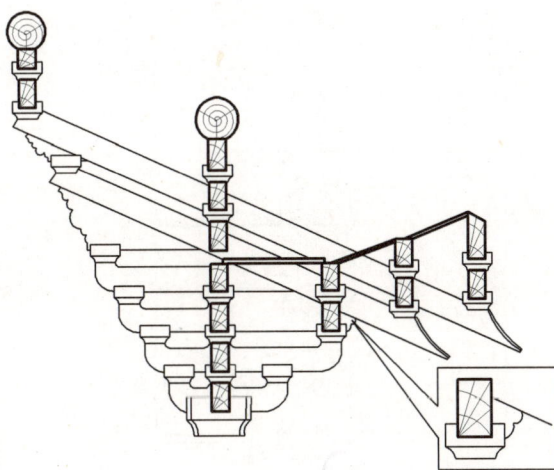

宁波保国寺大殿（宋）

图七七　华头子起源示意图

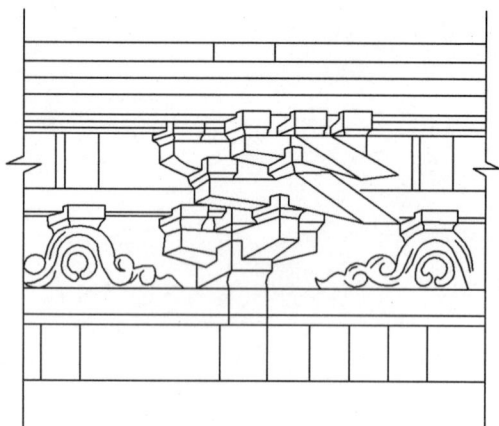

敦煌石窟第8窟中唐壁画

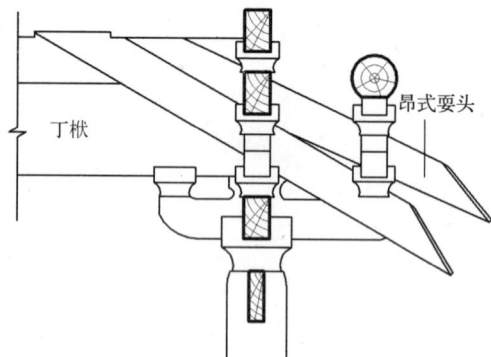

长子碧云寺正殿（五代）

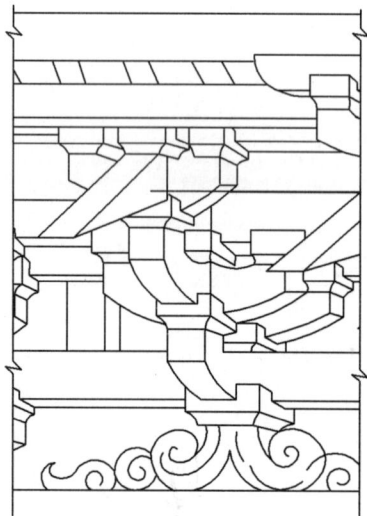

丁栿

昂式耍头

敦煌石窟第172窟盛唐壁画

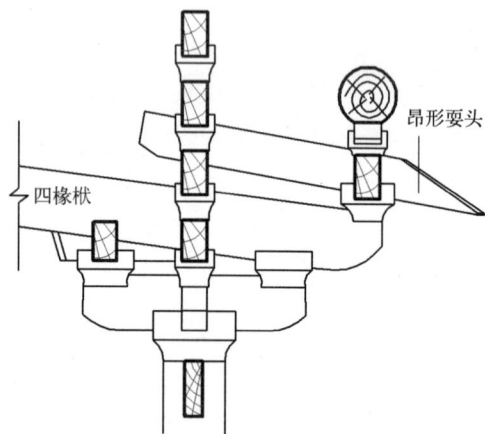

长子玉皇庙前殿（五代）

四椽栿

昂形耍头

图七八　唐、五代昂形与昂式耍头示意图

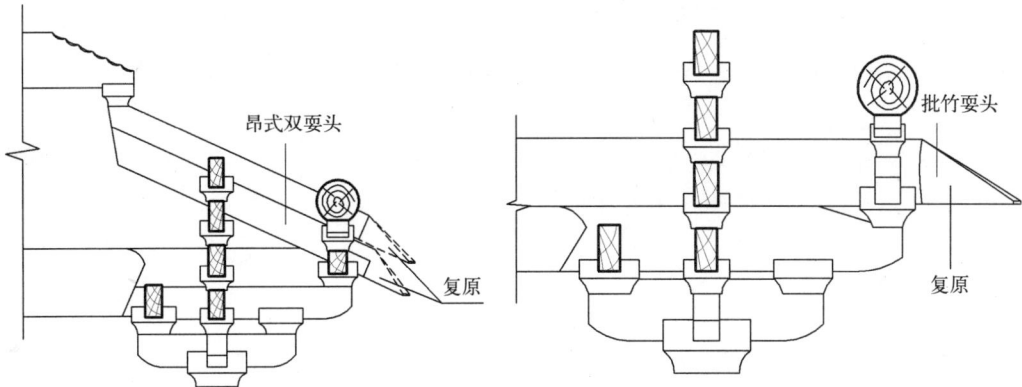

玉皇庙前殿前檐柱头斗栱
斜向昂式双耍头

玉皇庙前殿山面后槽柱头斗栱
平出批竹形耍头

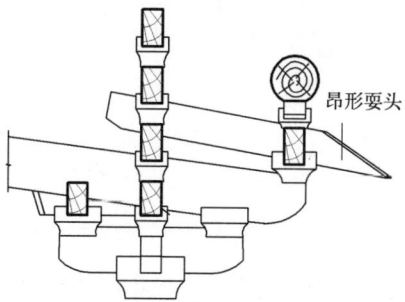

玉皇庙前殿山面前槽柱头斗栱
斜向昂形单耍头

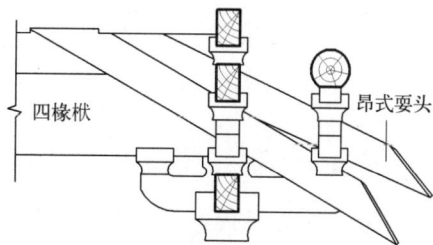

碧云寺正殿柱头斗栱
斜向昂式单耍头

图七九　五代耍头类型图

斗栱中昂形耍头开始普遍使用。此两例耍头无疑开启了昂形耍头使用的先河（图七八）。

斜面令栱一般认为在金代流行。考晋东南宋代遗构后发现，半数以上用斜面令栱。据此而论，在五代出现也未必不可能。更为珍贵的是玉皇庙前殿斜面令栱无栱眼，栱头无卷瓣，极为类似日本法隆寺金堂栱头外撇的早期样式。碧云寺正殿斜面令栱于斜面上出颛五瓣，与华栱和隐刻令栱同法。无栱眼、栱头外撇以及令栱斜面出颛的做法在以后的遗构中都不曾再见，应当是早期遗珍，甚为难得。

（五）耍头结构的形态

山西唐、五代建筑所表现的耍头多为较短促的批竹式样，身面平直斜杀，底平行于地面，尖平直截割。佛光寺东大殿和大云院弥陀殿补间斗栱出现了翼形表现的耍头。玉皇庙前殿耍头反映出三种不同的结构形态：1. 与其他遗构相近同，平置于栱枋上，分别使用于两山的后槽和后檐的斗栱上。两山者身过柱头枋至山柱与内柱缝间，上置夹际柱子承山面出际平梁，类丁栿的缴背。后檐耍头则过柱头枋而止，尾做蚂蚱形。2. 两山前槽耍头斜置，身过柱头枋而止，尾直截，如尾伸长入架内则成为昂式耍头。3. 前檐耍头处安置两根斜材构件，斜置于二跳华栱上与平梁下，类似于后世的昂，实为昂式耍头。碧云寺正殿前檐柱头斗栱上也出现了极为类似的昂式耍头（图七九）。

玉皇庙前殿保存的两例耍头（其余被截短）和碧云寺正殿耍头都是在面身自中心线向两边棱斜杀，使面部起棱，但不出颛，嘴部斫尖，与正定文庙大成殿相类似，加之短促的批竹形和翼形耍头，构成唐、五代耍头的三种式样。它们是研究此期耍头形制结构、位置演变的实物例证。此两例斜置的昂式耍头是敦煌石窟盛唐壁画中昂形耍头的实物表现。

（六）皿板和皿斗的遗迹

皿板是使用于斗下的垫板，自汉至南北朝的石刻文物的柱头上多有表现。国内木构实物仅有五台南禅寺大殿将皿板用于承压槽枋的小斗下。玉皇庙前殿于前檐两角柱柱头上的栌斗下加垫八角形皿板，当是国内遗构中皿板用于柱头的孤例。

皿斗在北魏、北齐已有，但"这种早在战国时期已出现的做法，在北方建筑中已见不到了"[2]。值得注意的是，玉皇庙前殿在梁架中使用了皿斗，碧云寺正殿也出现皿斗，同时在两座五代遗构中出现了皿斗做法。很显然，这种最早见于北魏而具体实物见于日本飞鸟时代建筑和国内南方早期建筑的"皿斗"做法，在不晚于五代时期同样在北方地区的偏远山村已有使用（图八〇）。

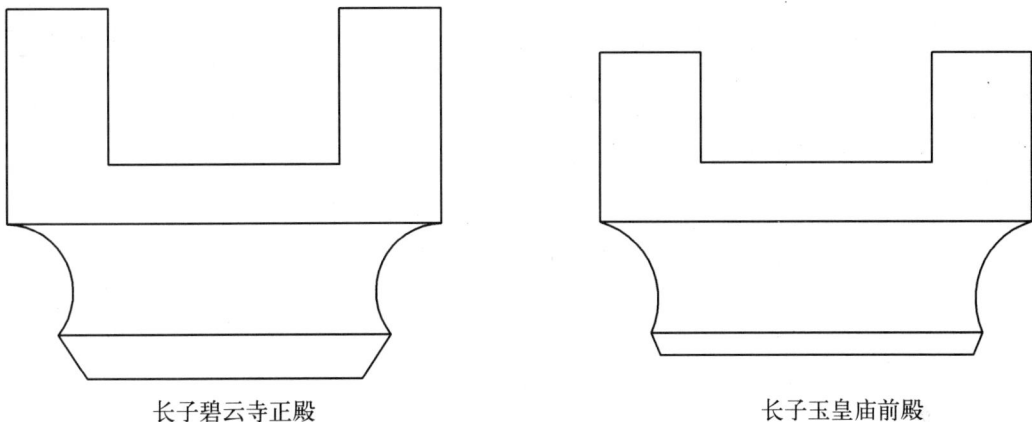

长子碧云寺正殿　　　　　　　　　　　　　　　长子玉皇庙前殿

图八〇　　五代皿斗图

（七）扶壁栱构造的遗珍

现存唐、五代遗构中扶壁栱构造有三种类型：1. 素枋重叠式，平顺天台庵弥陀殿。2. 栱枋重复垒叠式。①泥道栱上施素枋，再施泥道栱、素枋，芮城广仁王庙正殿。②素枋、泥道栱、素枋，碧云寺正殿。3. 泥道栱上素枋多层垒叠，玉皇庙前殿。1 类和 2 类的②型做法在北方早期建筑中基本消失。碧云寺正殿所表现出的"栱枋重复垒叠"的异形做法，是唐、五代扶壁栱结构的珍贵遗例（图八一）。

（八）梁栿与斗栱结构的演变

唐、五代建筑中梁栿与斗栱结构关系的表现，可归结为三种类型：1. 组合式。①栿头做一跳华栱（斗口跳），平顺天台庵弥陀殿、平顺龙门寺西配殿。②栿头做二跳华栱，五台南禅寺大殿、芮城广仁王庙正殿和长子玉皇庙前殿。2. 搭交式。具体实例有五台佛光寺东大殿、平遥镇国寺万佛殿和长子碧云寺正殿。3. 搭压式。具体实例有平顺大云院弥陀殿。此后，这种"搭压式"结构成为晋东南地区传统建筑结构的主要方式，一直延续到明、清。这三种结构方式表现出了由唐至宋梁栿与斗栱结构演变的全过程。玉皇庙前

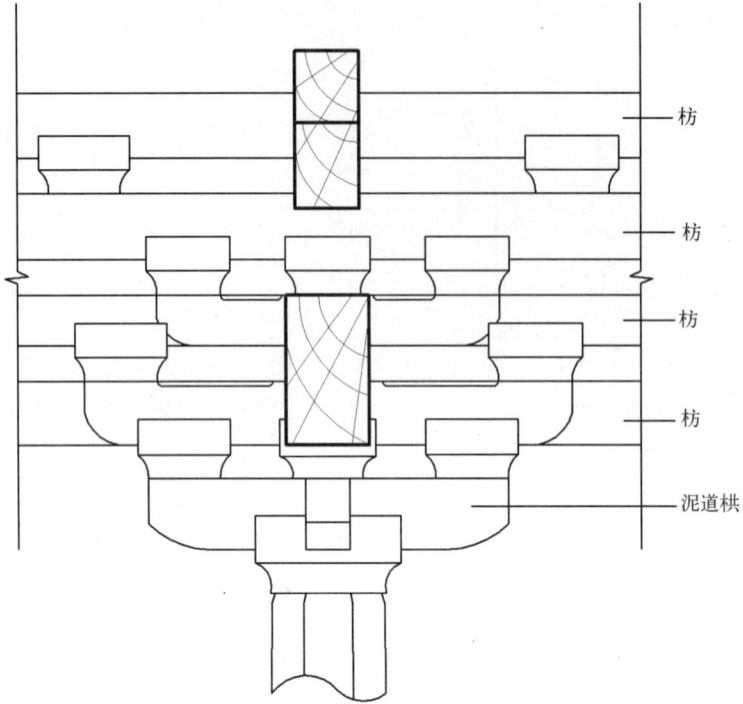

长子玉皇庙前殿

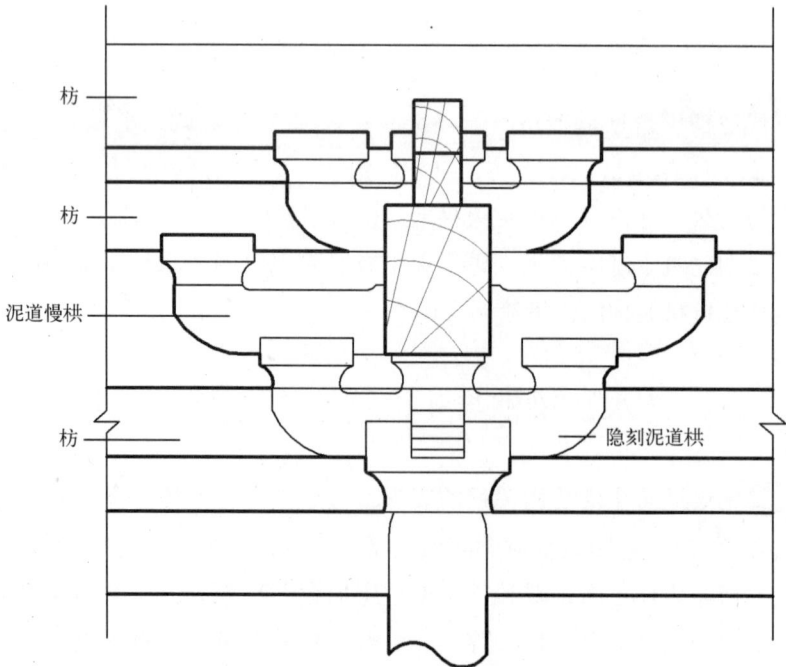

长子碧云寺正殿

图八一　五代扶壁栱示意图

三椽栿

被锯

栿首与斗栱组合
做成二跳华栱

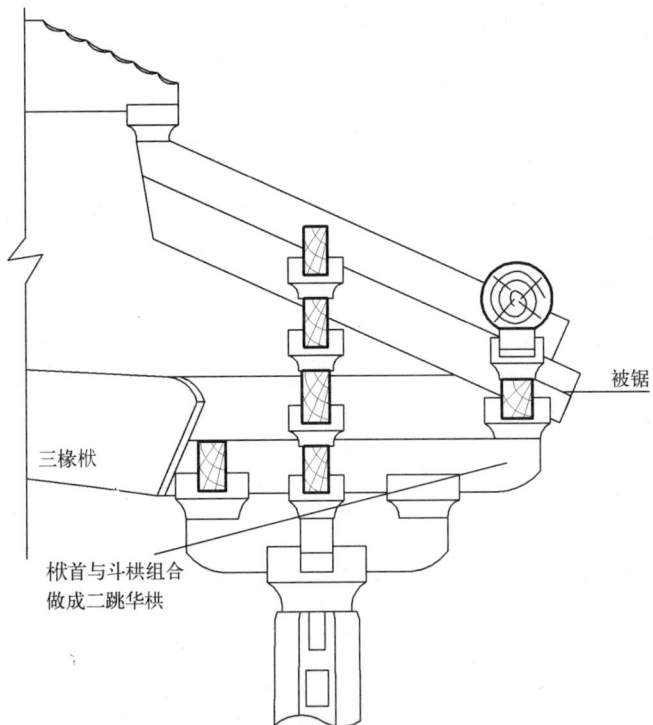

长子玉皇庙前殿前檐柱头斗栱

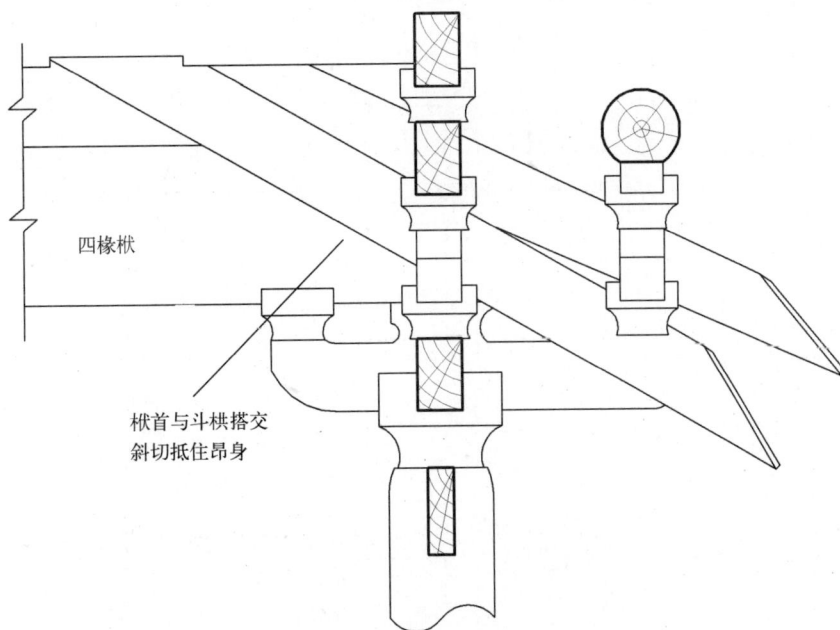

四椽栿

栿首与斗栱搭交
斜切抵住昂身

长子碧云寺正殿前檐柱头斗栱

图八二　五代梁栿与斗栱结构图

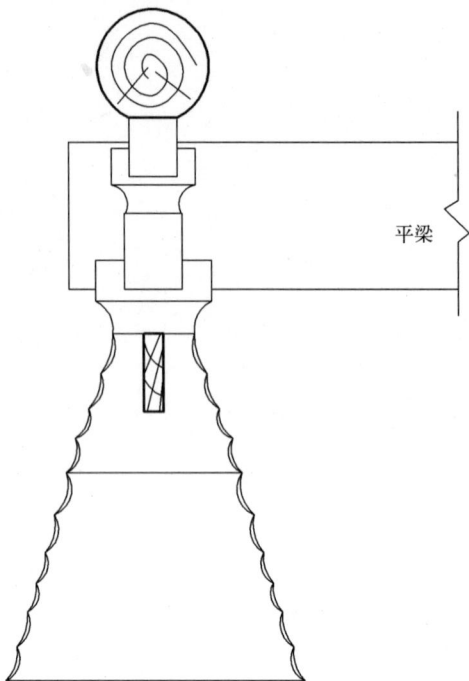

长子玉皇庙前殿隔架驼峰

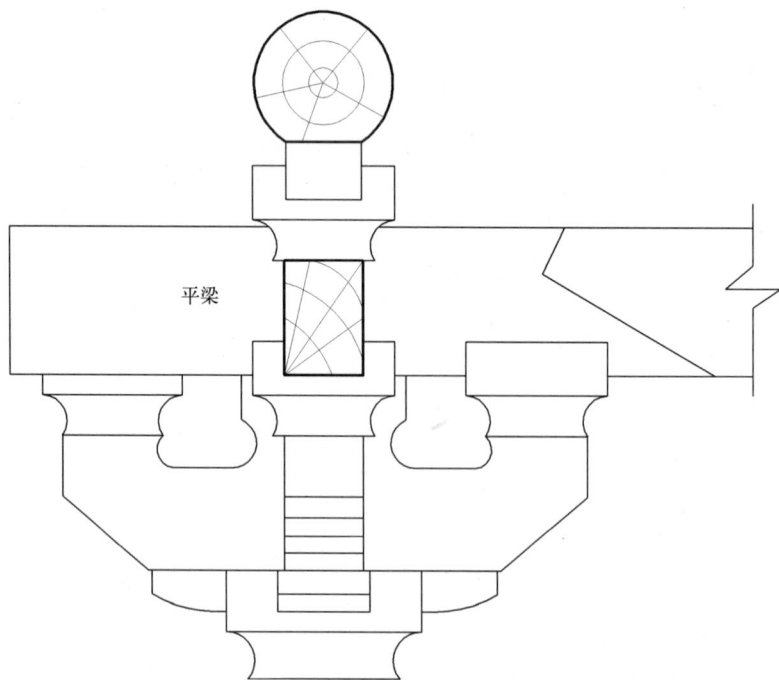

长子碧云寺正殿隔架斗栱

图八三　五代平梁下承垫结构图

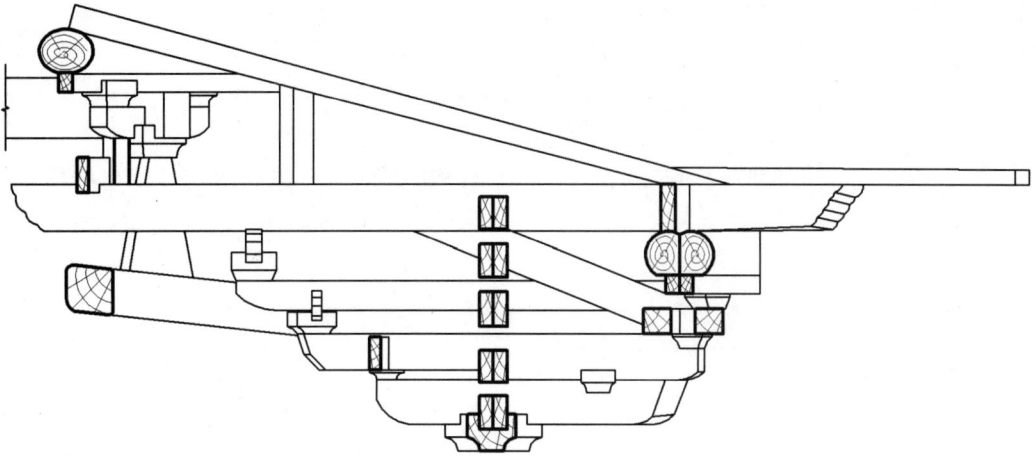

长子玉皇庙前殿角梁

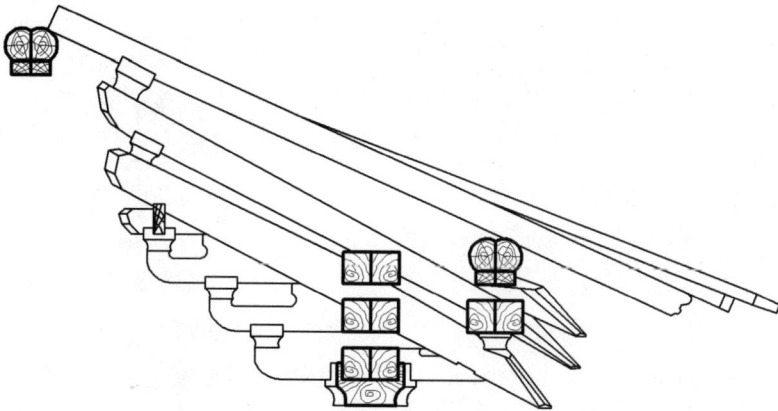

长子碧云寺正殿角梁

图八四　五代角梁结构图

殿和碧云寺正殿的梁栿与斗栱结构关系代表了早期梁栿与斗栱结构的两种类型，宋以后已极为少见。它们是研究早期梁栿与斗栱结构关系的重要实例（图八二）。

（九）平梁下承垫结构的孤例

山西现存唐、五代建筑中所反映出的平梁与下栿间的承垫结构，有驼峰、驼峰加斗栱、十字出跳斗栱三种结构类型。其中以驼峰承垫为主。平遥镇国寺万佛殿使用了驼峰上施十字出跳斗栱的做法。斗栱承垫仅碧云寺正殿一例，承垫华栱向外不做"杀斜尾栱"，类似做法仅在辽代建筑中有所使用，是唐、五代梁栿承垫结构的孤例（图八三）。

（一〇）内外柱同高的新证

在五代玉皇庙前殿和碧云寺正殿发现以前，唐代建筑内外柱同高的结构特征除了承袭唐制的辽代建筑，在小型殿堂中并无实例可证。此前用内柱的五代平顺大云院弥陀殿、福州华林寺大殿、正定文庙大成殿，其内柱都高于檐柱。自五代大云院弥陀殿出现了内柱高于檐柱的做法，此后成为宋代小型殿堂构架结构的主流形制。此两例的发现填补了唐、五代小型殿堂内外柱同高实例的空白，是唐代建筑内外柱同高构造特征的新证。

（一一）大角梁结构的特例

碧云寺正殿大角梁斜置于檐槫和下平槫的交接点上，其下由45°角线上里转的五跳角华栱直接承挑。此前我们所见到的唐、五代建筑中里转多跳角华栱并不直接承挑大角梁，而是承挑于递角栿（角剳牵或角乳栿）下。从五台南禅寺大殿到平遥镇国寺万佛殿无不如此，而碧云寺正殿是里转多跳华栱承大角梁的孤例。

玉皇庙前殿角梁结构已极为类似宋式角梁的结构做法，只是梁尾的构造处置不如宋代成熟，略显凌乱。此期角梁平置的另一例是平顺天台庵弥陀殿，其大角梁尾插入蜀柱。据王春波先生考证，蜀柱可能是金代添加[3]。如据此说，其角梁尾的结构是否为原构便不得而知了。与宋初高平崇明寺中殿、高平游仙寺前殿角梁结构对照，玉皇庙前殿的隐角梁仍保持了斜置角梁的"压金"做法，而宋初两例已采用"扣金"做法。由此我们可以认为，玉皇庙前殿角梁做法应是尚未成熟的宋式角梁结构的启蒙做法。宋初的角梁结构与此殿角梁做法具有一定的传承关系，显然是结构过渡的例证（图八四）。

（一二）平行布椽法到辐射布椽法的转折

　　碧云寺正殿的翼角布椽法属平行布椽法和辐射布椽法的结合，故称为"复合式"布椽法。这种布椽法在平顺天台庵弥陀殿和平遥镇国寺万佛殿都有表现。值得注意的是，前者自下平榑交接点第五根椽开始外撇呈辐射状，此后椽尾斫斜相贴，于殿内可看到平行与扇形的过渡。后者出檐榑以后如此布椽，从外檐可见其平斜复合的过渡。碧云寺正殿于檐榑的交接点开始，由平行转为辐射，殿内平行布椽，檐外扇形辐射布椽，其过渡无法看到，无论从美观和结构方面都优于前两例。宋式做法是自下平榑交接点起扇形辐射布椽。碧云寺正殿自檐榑交接点起采用扇形布椽，每根椽以扇形呈辐射状向角梁散开。自日本法起寺三重塔的平行布椽，到五台南禅寺大殿的平行辐射状布椽，再到碧云寺正殿的"复合式"布椽，显然具有鲜明的过渡性质。如果再加上敦煌石窟宋代窟檐布椽法的佐证，其承前启后的作用不言而喻（图八五）。

（一三）　结　　论

　　晋东南地区保存了较多的早期木结构建筑的实例，特别是保存了五座分布相对集中的唐末至五代的珍贵遗构，具备了个体类型（小型建筑）的多样性，同时也具有时代传承

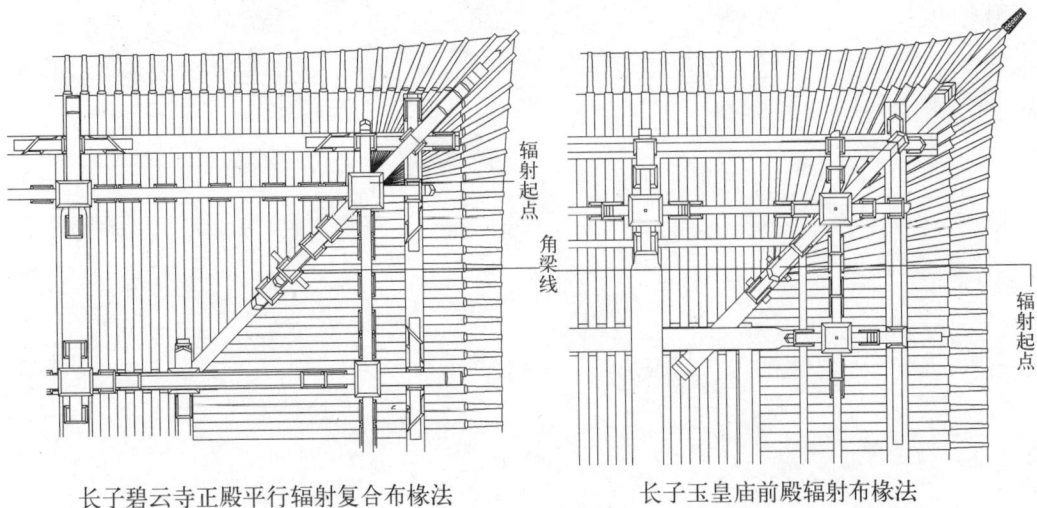

长子碧云寺正殿平行辐射复合布椽法　　　　　　长子玉皇庙前殿辐射布椽法

图八五　五代翼角布椽法示意图

序列的完整性。这些藏于山村窝铺的体量很小的遗构，虽无法代表和体现中国唐、五代建筑的全貌，但由于这一时期遗存的稀缺性，在中国建筑史学研究方面仍具有非常重要的价值和地位。

唐代是中国传统建筑的成熟期，在承上启下的变革中，在造就自身气质风格的同时，也成就了宋代中期以后营造技术的模式化和规范化，从而创造出又一个建筑科学、营造技术的辉煌时代。唐代至北宋初年是中国建筑发展非常重要的阶段，也是中国建筑史研究的重大课题。

五代玉皇庙前殿和碧云寺正殿的发现，在中国建筑史的研究领域具有重要的意义。尽管它们体量很小，等级很低，残损严重，但透出的时代信息却非常强烈。其斗栱、梁栿结构的表现，使唐代至宋初承袭、发展、演变的关系清晰起来。在构件方面，皿板和无瓣外撇栱都是人们以往所未曾见识的。华头子、昂形耍头的启蒙与出现，斜面令栱、斫尖的昂嘴成为宋代的流行。上述诸多的信息表明，一些新的构件诞生于民间，一些古老的手法留在乡间。这一切正是新发现的两座五代建筑给我们的启示。

注　释

[1] 碧云寺正殿柱头斗栱栱昂斜切的做法，应是研究华头子起源的珍贵实例。

[2] 郭黛姮《中国古代建筑史》第三卷，中国建筑工业出版社 2003 年版。

[3] 王春波《山西平顺晚唐建筑天台庵》，《文物》1993 年第 6 期。

实 测 图

SURVEY DRAWINGS

农田

居民区

N

朵 殿(塌毁)

后 殿

朵 殿

夏 棚

厢 房

厢 房

厢 房

厢 房

前 殿

夏 棚

60174

西厢房

东厢房(塌毁)

西厢房(塌毁)

东妆楼

山 门

村 路

26360

0   1000   2000

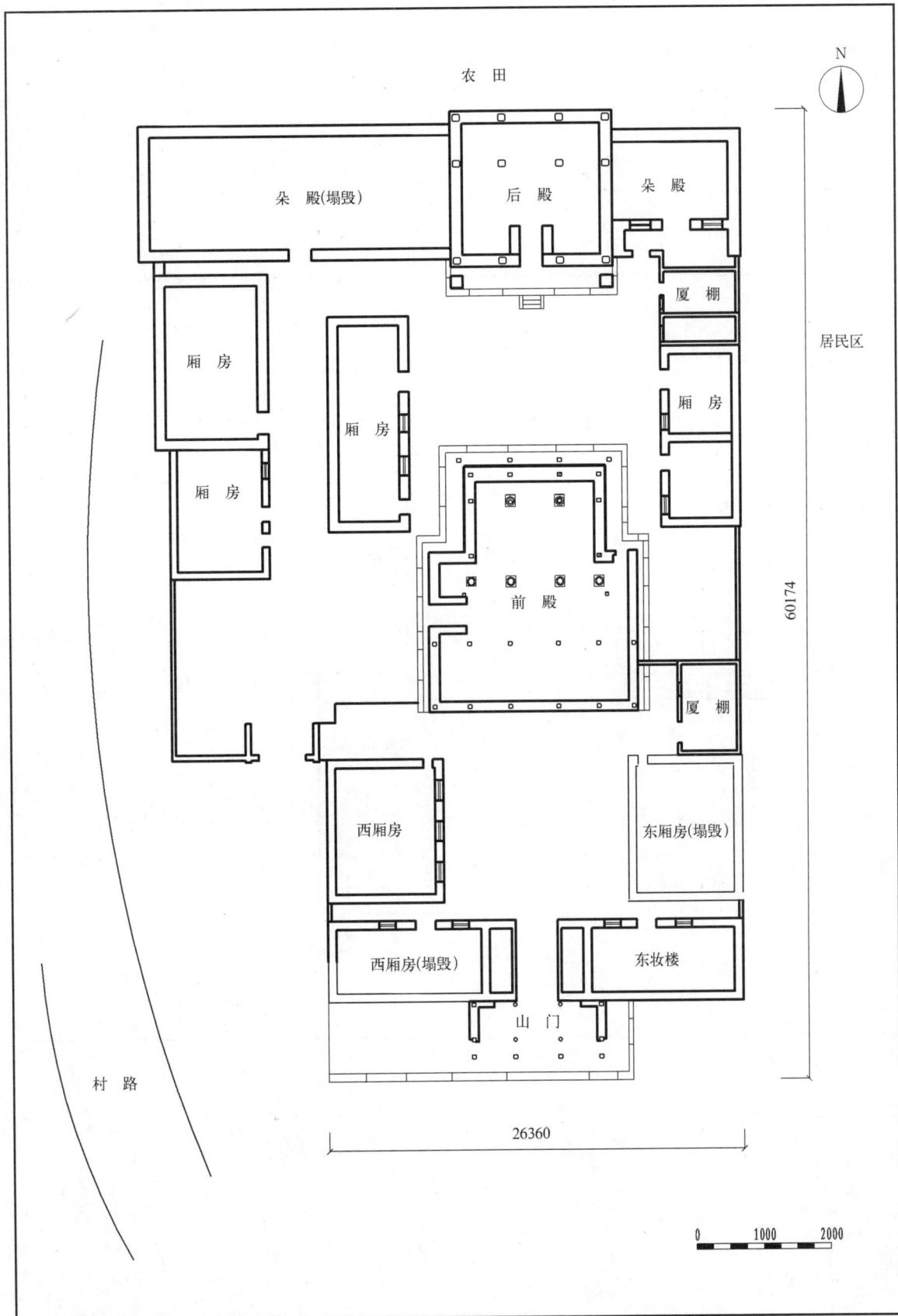

一 长子县布村玉皇庙总平面图

149

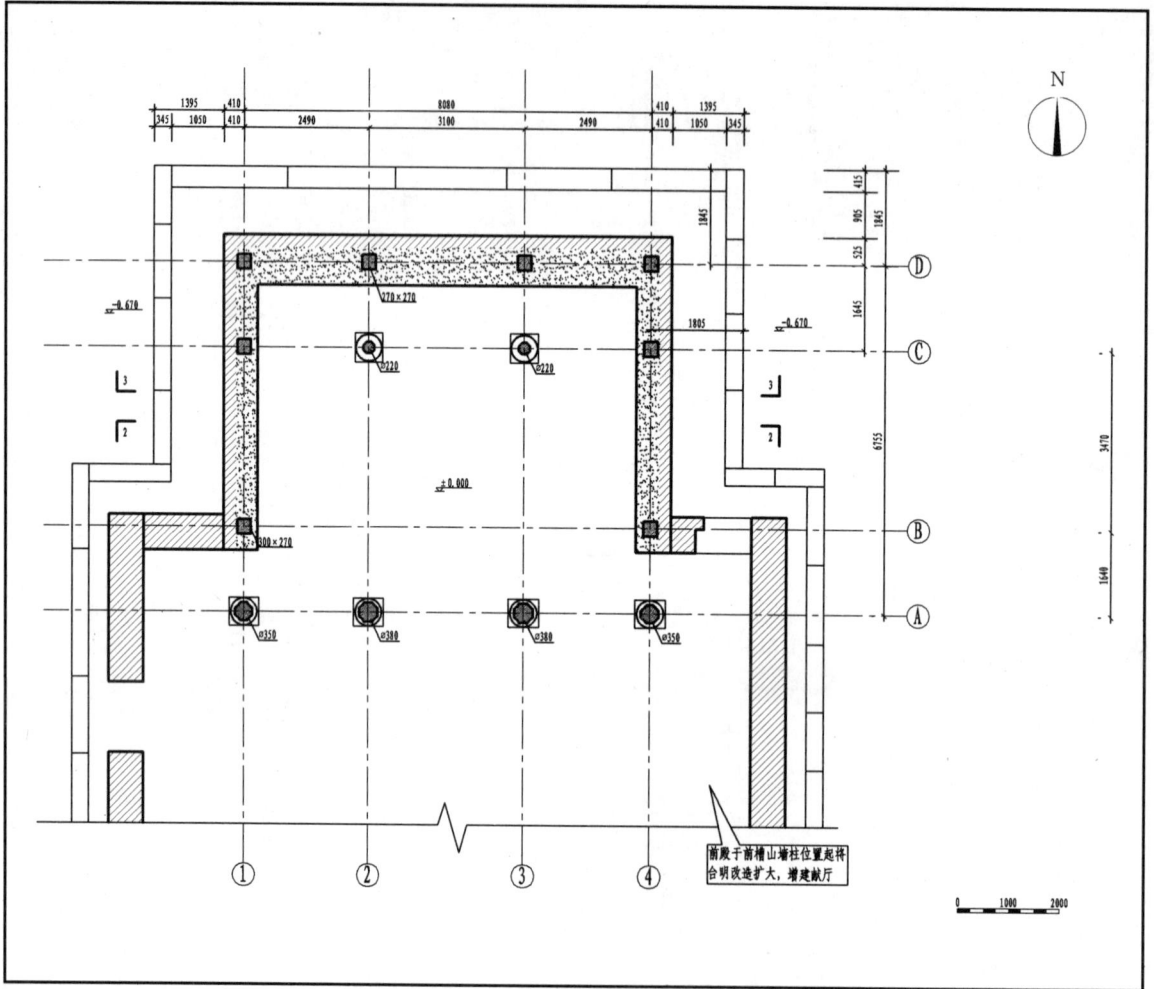

二 前殿平面图

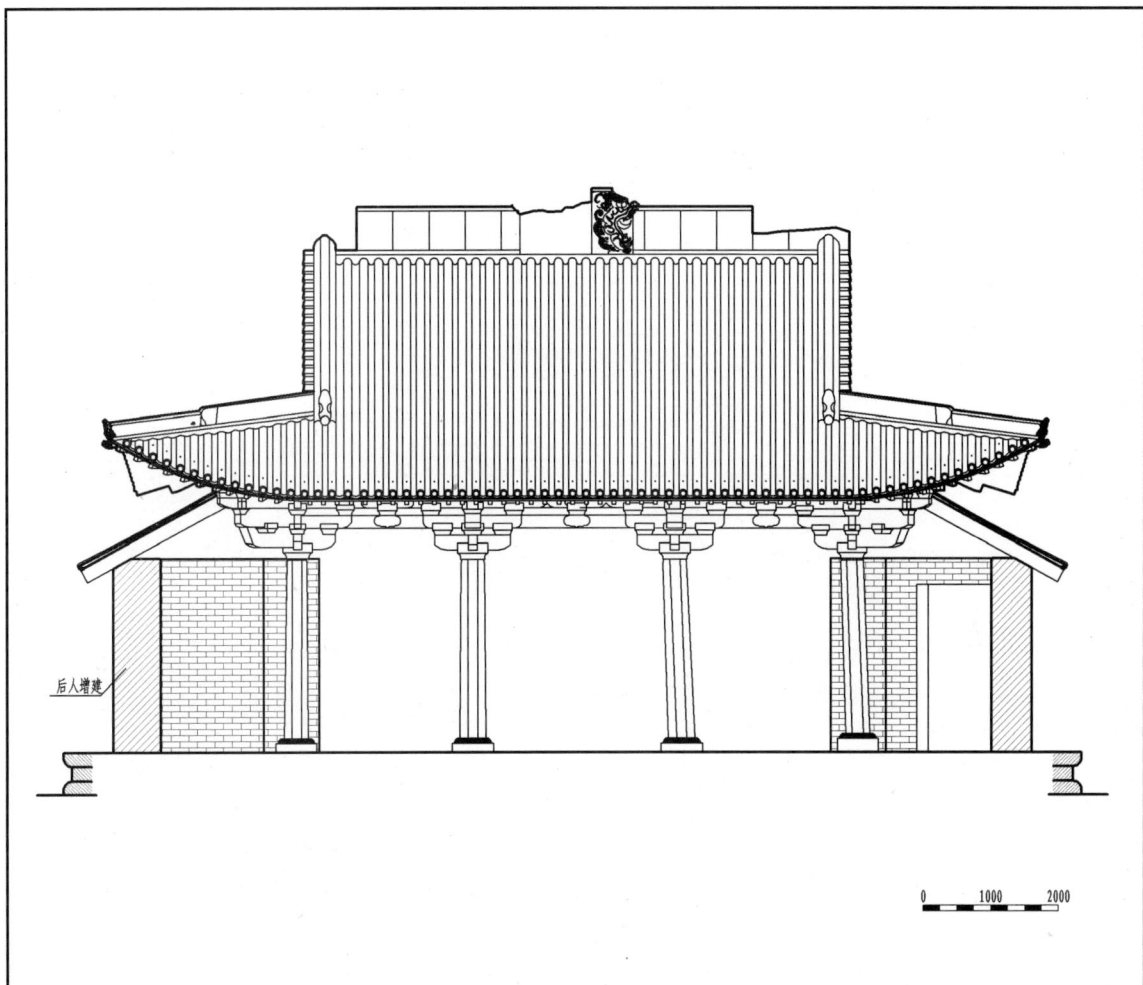

后人增建

0 1000 2000

三　前殿正立面图

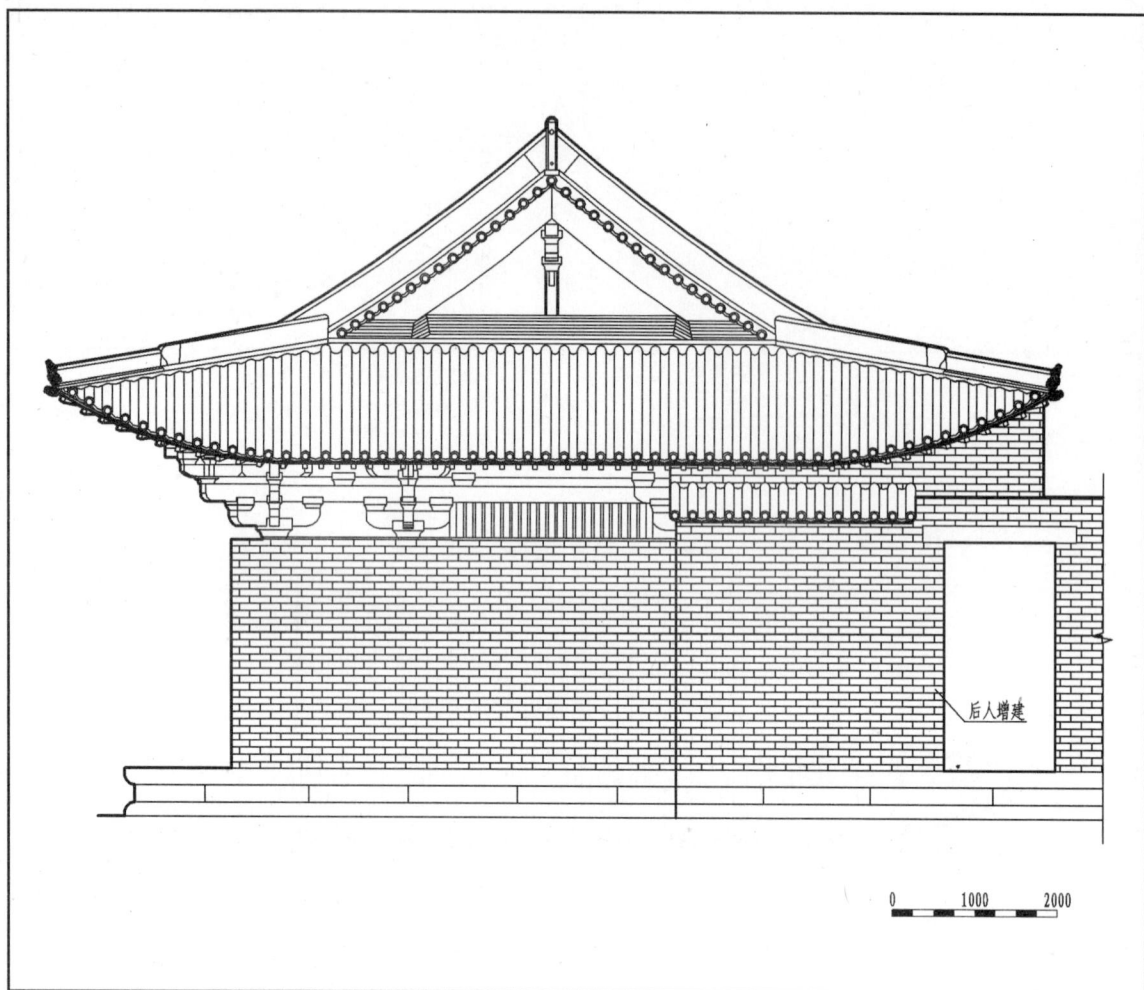

四　前殿侧立面图

后人增建

0　1000　2000

五 前殿 1-1 剖面图

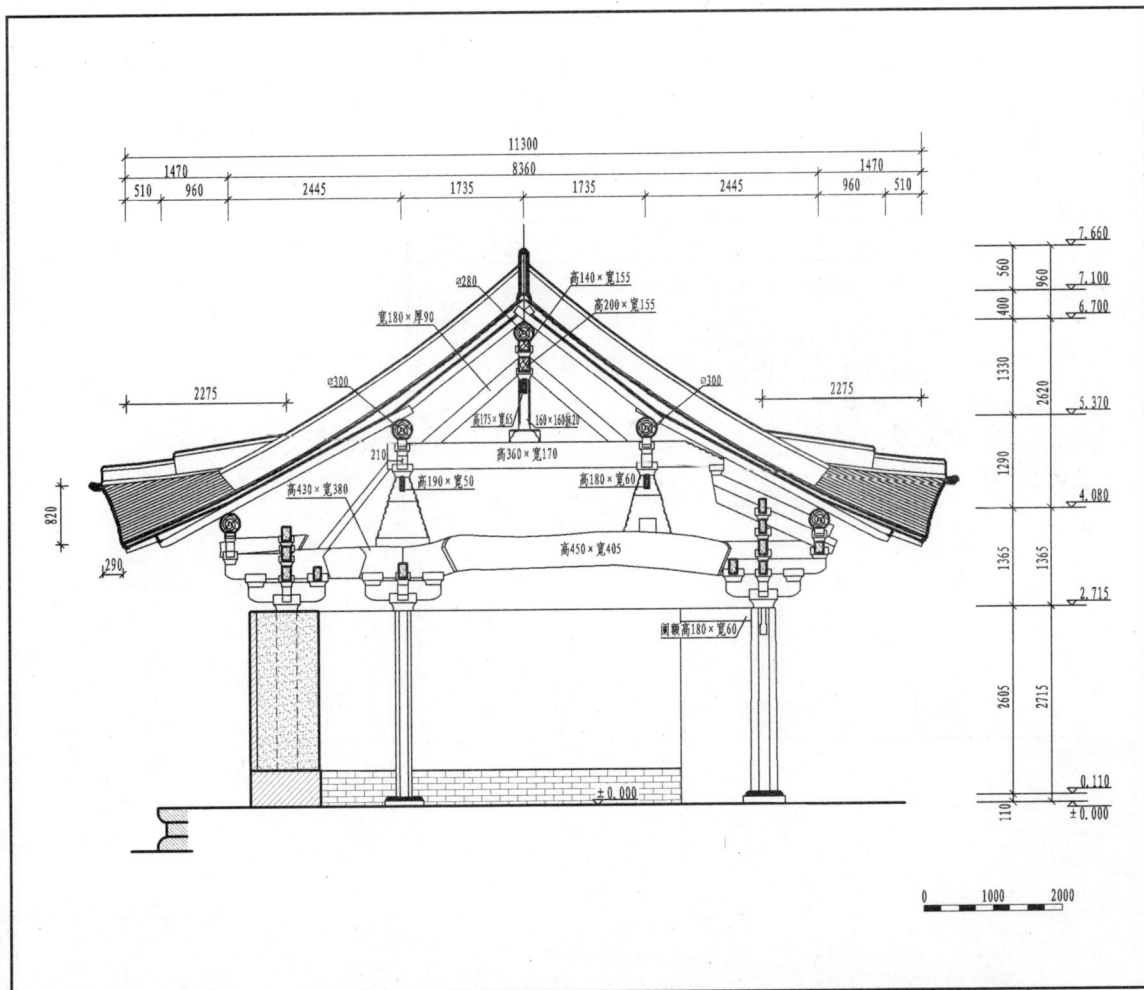

153

六 前殿 2-2 剖面图

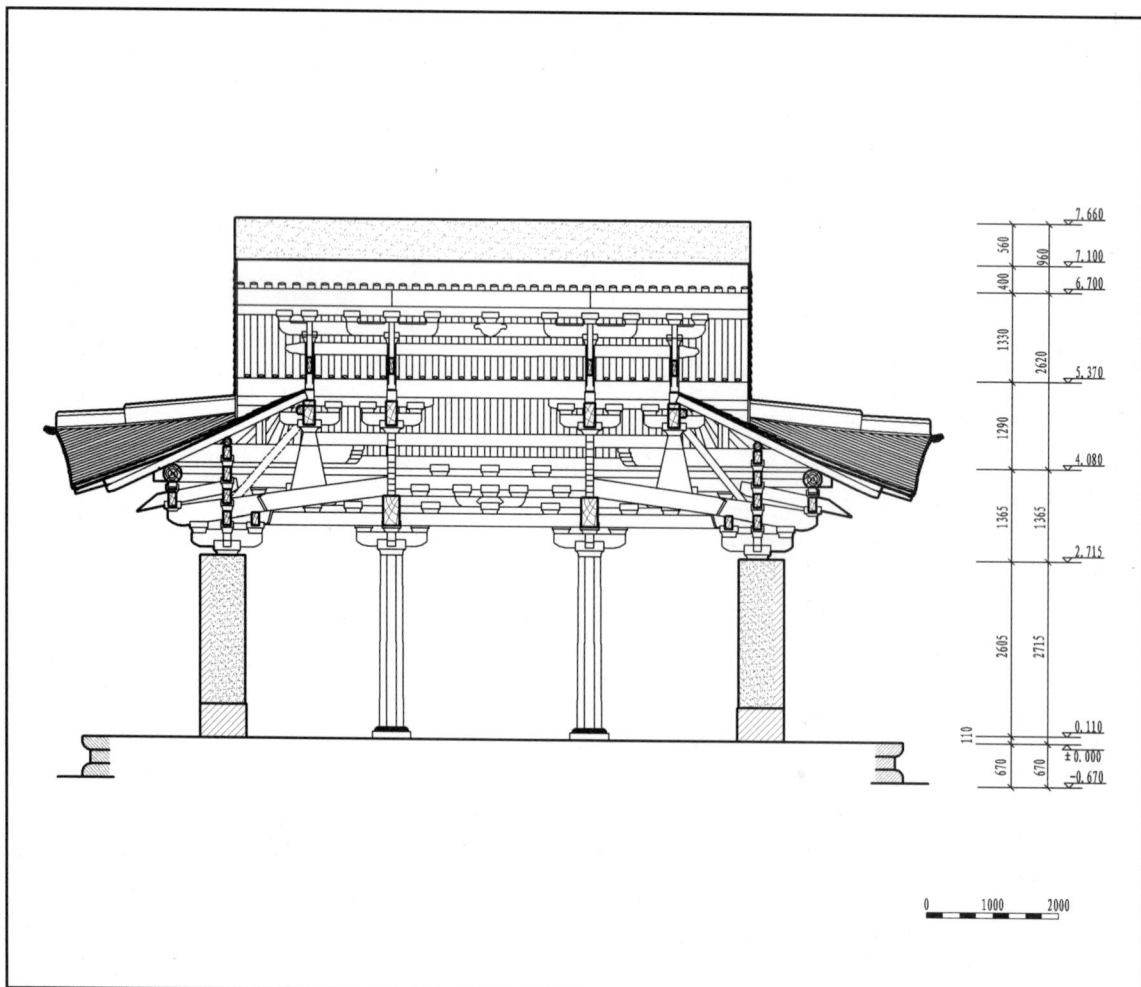

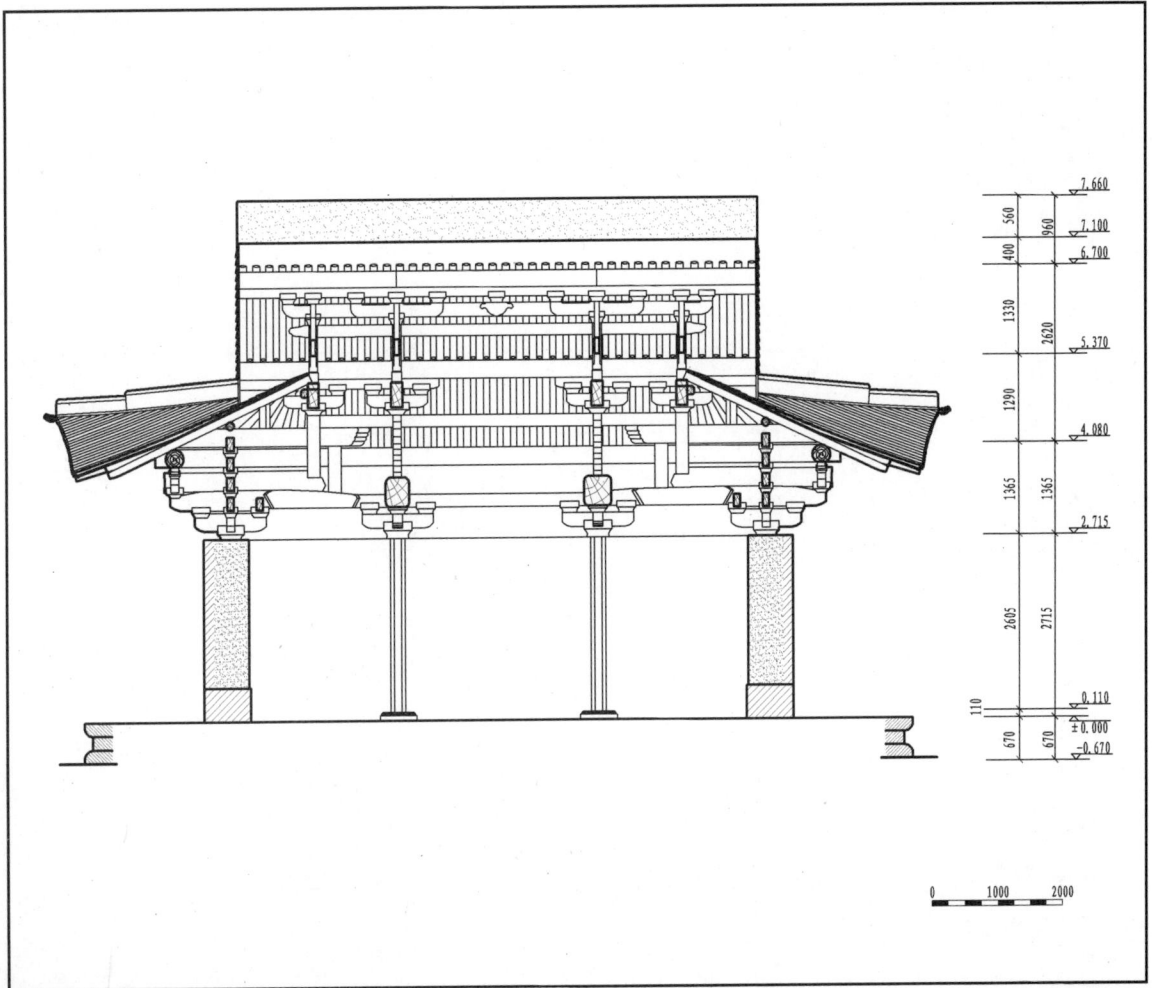

七　前殿3-3剖面图

155

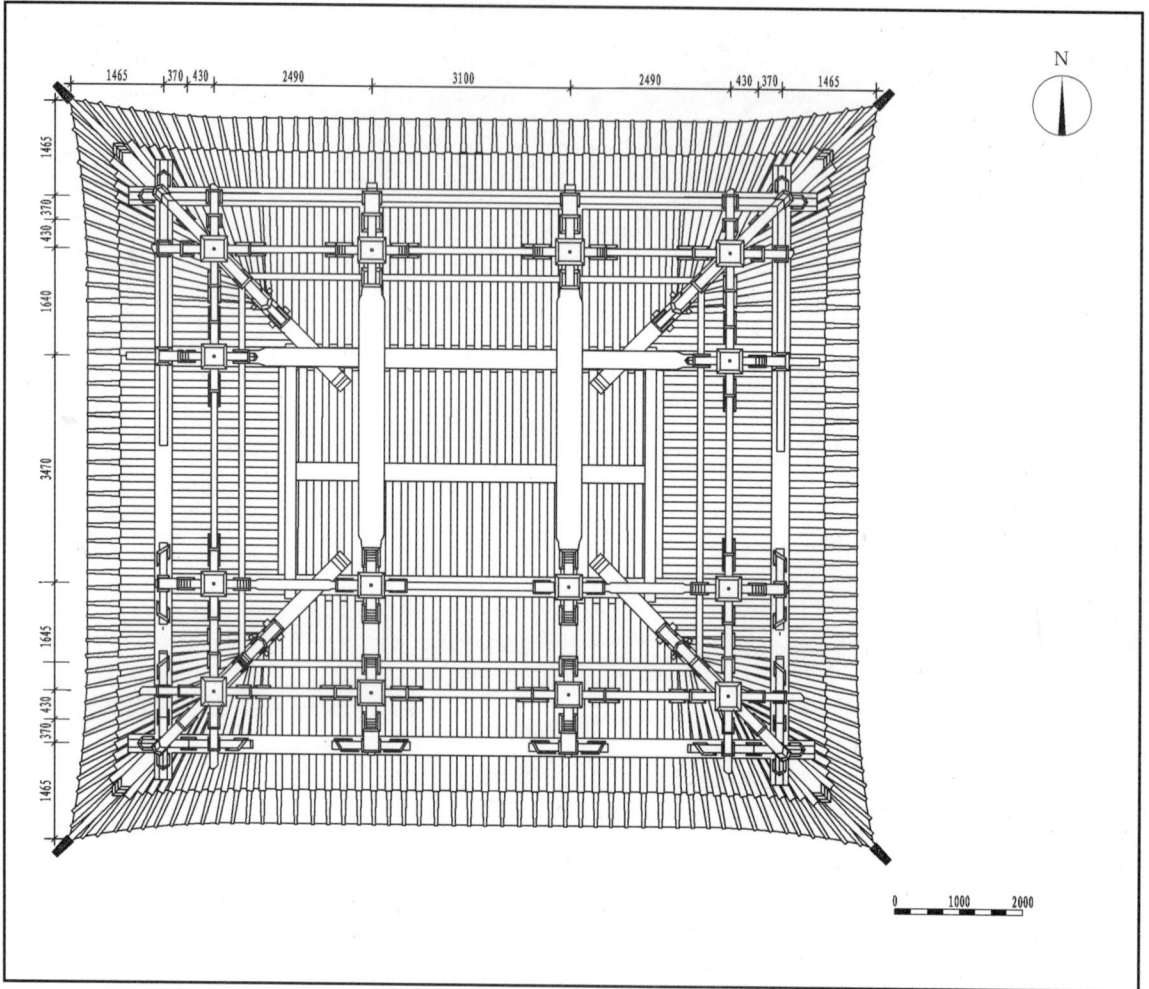

八　前殿屋面仰视图

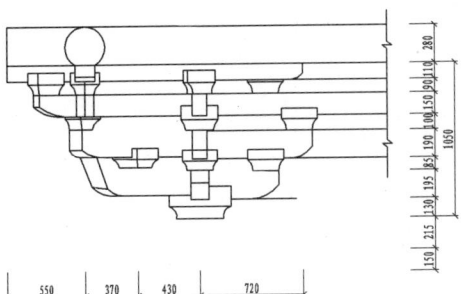

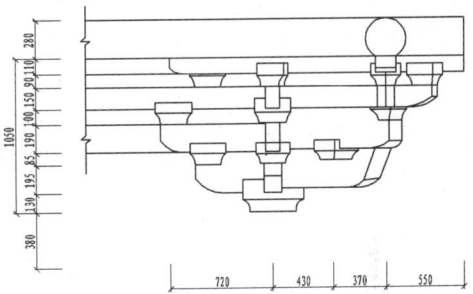

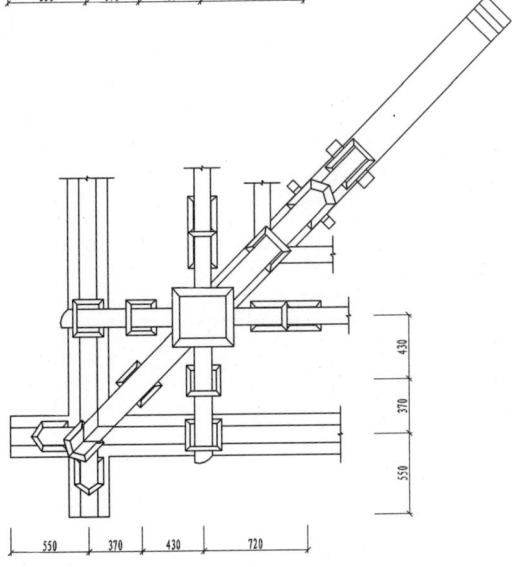

斗子尺寸表

	上宽	下宽	上深	下深	斗	平	欹	画页	备注
栌斗	130	325	400	285	90	45	85	20	
散斗	250	180	205	125	65	10	70	10	
交互斗	240	180	210	140	60	15	65	10	前一跳华栱上斗
交互斗	255	190	215	155	55	40	70	5	前二跳华栱上斗
散斗	240	180	210	140	60	15	65	10	前一跳45°栱上斗
平盘斗	220	140	245	155	—	15	70	10	前二跳45°栱上斗
散斗	205	125	255	180	60	20	70	10	令栱上斗
平盘斗	240	180	210	120	—	15	45	15	后一跳45°栱上斗
散斗	240	150	240	150	50	35	45	5	后二跳45°栱上斗
散斗	215	145	280	220	60	45	65	10	后二跳45°栱上斗

栱子尺寸表

	总长	材宽	材高	上留	平出	齭	备注
泥道栱	1100	115	280（足材）	95	140	—	
泥道慢栱	1570	100	185（单材）	110	70		隐刻
泥道上慢栱	1100	100	205（单材）	80	125		隐刻
一跳华栱		160	280（足材）	85	225		从栌斗边出300
二跳华栱		160	280（足材）	135	265		从栌斗边出300

九 前殿前檐转角斗栱大样图

157

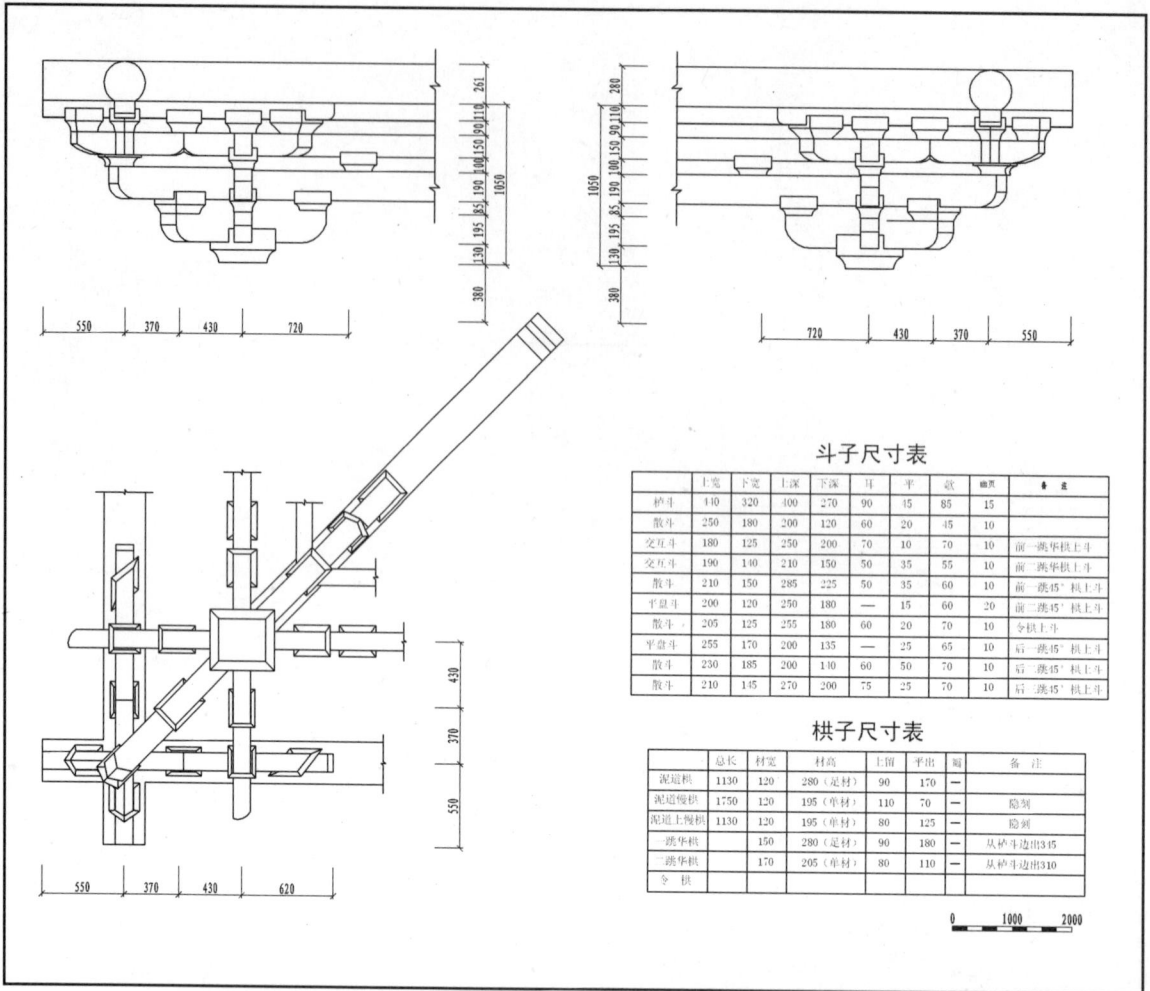

斗子尺寸表

	上宽	下宽	上深	下深	耳	平	欹	幽页	备注
栌斗	440	320	400	270	90	45	85	15	
散斗	250	180	200	120	60	20	45	10	
交互斗	180	125	250	200	70	10	70	10	前一跳华栱上斗
交互斗	190	140	210	150	50	35	55	10	前二跳华栱上斗
散斗	210	150	285	225	50	35	60	10	前一跳45°栱上斗
平盘斗	200	120	250	180	—	15	60	20	前二跳45°栱上斗
散斗	205	125	255	180	60	20	70	10	令栱上斗
平盘斗	255	170	200	135	—	25	65	10	后一跳45°栱上斗
散斗	230	185	200	110	60	50	70	10	后二跳45°栱上斗
散斗	210	145	270	200	75	25	70	10	后一跳45°栱上斗

栱子尺寸表

	总长	材宽	材高	上留	平出	隔	备注
泥道栱	1130	120	280（足材）	90	170	—	
泥道慢栱	1750	120	195（单材）	110	70	—	隐刻
泥道上慢栱	1130	120	195（单材）	80	125	—	隐刻
一跳华栱		150	280（足材）	90	180	—	从栌斗边出315
二跳华栱		170	205（单材）	80	110	—	从栌斗边出310
令 栱							

一〇　前殿后檐转角斗栱大样图

一一　前殿前檐明间柱头斗栱大样图

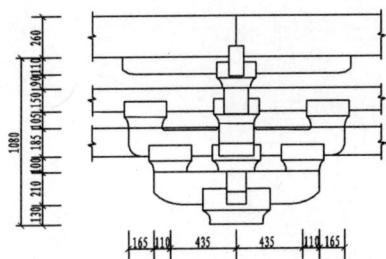

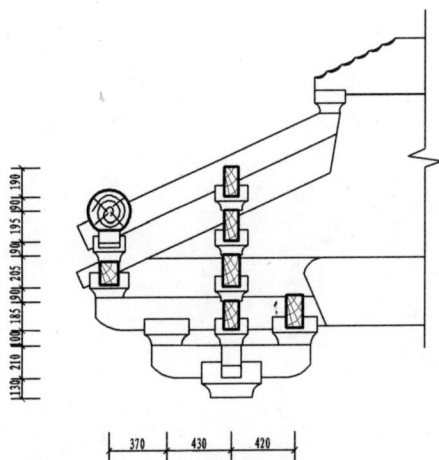

斗子尺寸表

	上宽	下宽	上深	下深	耳	平	欹	图页	备注
栌斗	440	350	395	280	100	40	90	20	
散斗	280	220	220	140	70	30	70	10	
交互斗	300	230	260	180	80	20	60	10	二跳华栱上斗
交互斗	260	180	210	140	75	25	65	10	替木下
交互斗	315	240	290	195	70	30	80	10	里跳华栱上斗

栱子尺寸表

	总长	材宽	材高	上留	平出	瓣	备注
泥道栱	1090	130	210（单材）	135	140		
泥道慢栱	1420	100	185（单材）	110	50		
华栱	1050	130	310（足材）	130	180		
二跳华栱		230	210（单材）	130	150		四椽栿出头

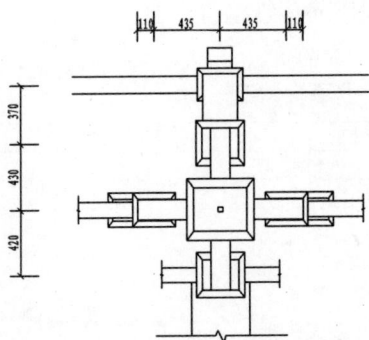

0　　1000　　2000

一二　前殿明间内柱柱头斗栱大样图

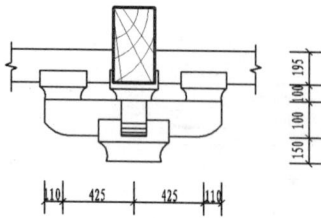

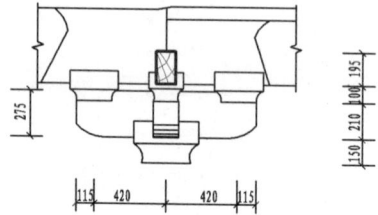

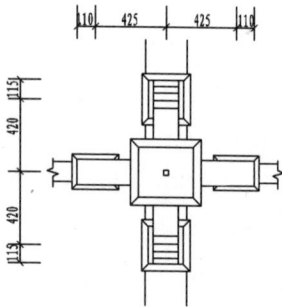

斗子尺寸表

	上宽	下宽	上深	下深	耳	平	欹	幽页	备　注
栌斗	425	330	385	290	95	35	115	25	
散斗(1)	280	220	210	160	60	35	60	15	泥道栱上斗
散斗(2)	290	210	240	180	60	30	55	15	华栱上斗

栱子尺寸表

	总长	材宽	材高	上留	平出	瓣	备　注
泥道栱	1070	150	210（单材）	135	180	4	
华　栱	1070	150	275（足材）	135	180	4	

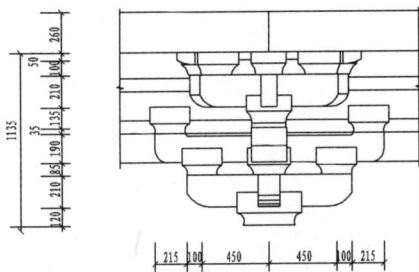

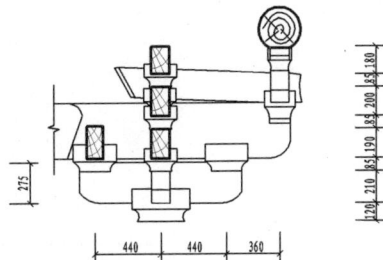

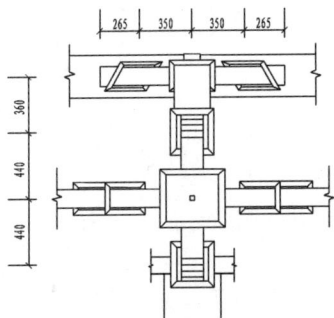

斗子尺寸表

	上宽	下宽	上深	下深	耳	平	欹	幽契	备注
栌斗	435	350	385	310	95	40	80	25	
散斗(1)	270	205	215	145	65	20	65	15	泥道栱上斗
散斗(2)	290	210	300	220	90	20	65	15	华栱上斗
交互斗	305	230	205	140	75	30	75	10	
斜斗	280	210	220	170	80	0	70	10	
交互斗	290	210	290	210	90	20	65	15	华栱里跳上斗

栱子尺寸表

	总长	材宽	材高	上留	平出	瓣	备注
泥道栱	1110	120	210（单材）	120	180		
泥道慢栱	1540	120	190（单材）	105	115		
华栱	1090	150	275（足材）	135	205	4	
二跳华栱		240	360（足材）	120	150		四椽栱出头
令栱	外长930 内长1065	120	210（单材）	130	190		

0   1000   2000

一三 前殿后檐明间柱头斗栱大样图

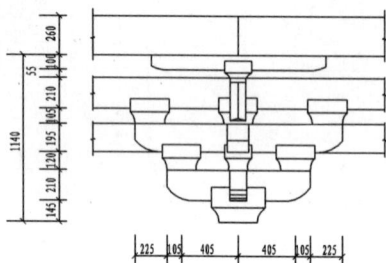

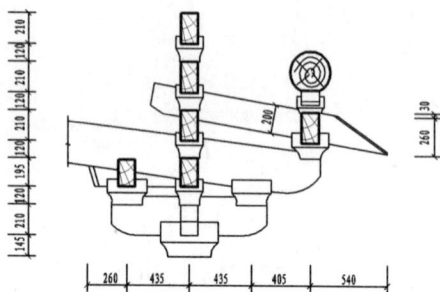

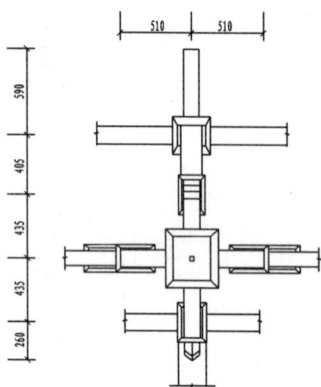

斗子尺寸表

	上宽	下宽	上深	下深	耳	平	敬	幽页	备注
栌斗	380	270	400	300	95	45	100	15	
散斗(1)	275	210	190	140	55	30	90	10	泥道栱上斗
散斗(2)	290	210	275	215	50	40	80	15	华栱上斗
交互斗	270	200	260	140	75	25	80	15	
交互斗	190	110	190	150	60	20	35	5	昚木下斗
交互斗	210	150	270	210	50	10	80	15	华栱里跳上斗

栱子尺寸表

	总长	材宽	材高	上留	平出	覆	备注
泥道栱	1020	120	210（单材）	115	160		
泥道慢栱	1470	120	195（单材）	115	20		
华 栱	1080	120	265（足材）	135	160	4	
二跳华栱		150	195（单材）	115	110		

0   1000   2000

一四　前殿③－B柱头斗栱大样图

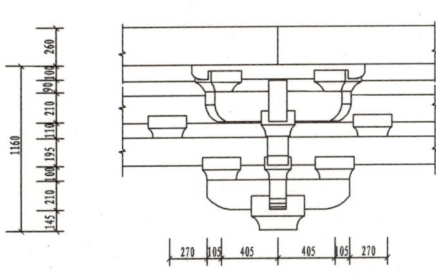

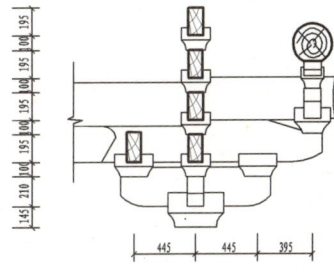

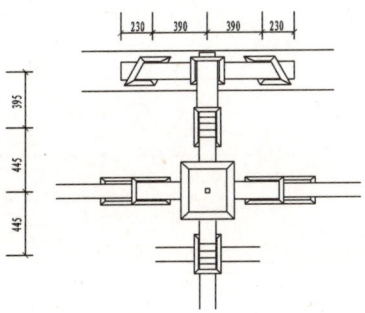

斗子尺寸表

	上宽	下宽	上深	下深	耳	平	欹	幽页	备注
栌斗	380	270	400	300	95	45	100	15	
散斗	275	210	210	140	55	30	70	10	
交互斗	240	170	260	140	75	25	80	10	令栱下斗
交互斗	190	130	275	190	55	30	70	10	华栱里跳
斜斗	220	120	230	150	60	20	70	10	

栱子尺寸表

	总长	材宽	材高	上留	平出	瓣	备注
泥道栱	1020	120	210（单材）	120	150		
泥道慢栱			195（单材）				
华栱	1080	120	275（足材）	135	160	4	
二跳华栱		150	255（足材）	135	110		
令栱	外长内长 910 1040	120	210（单材）	90	250		

一五　前殿①−C柱头斗栱大样图

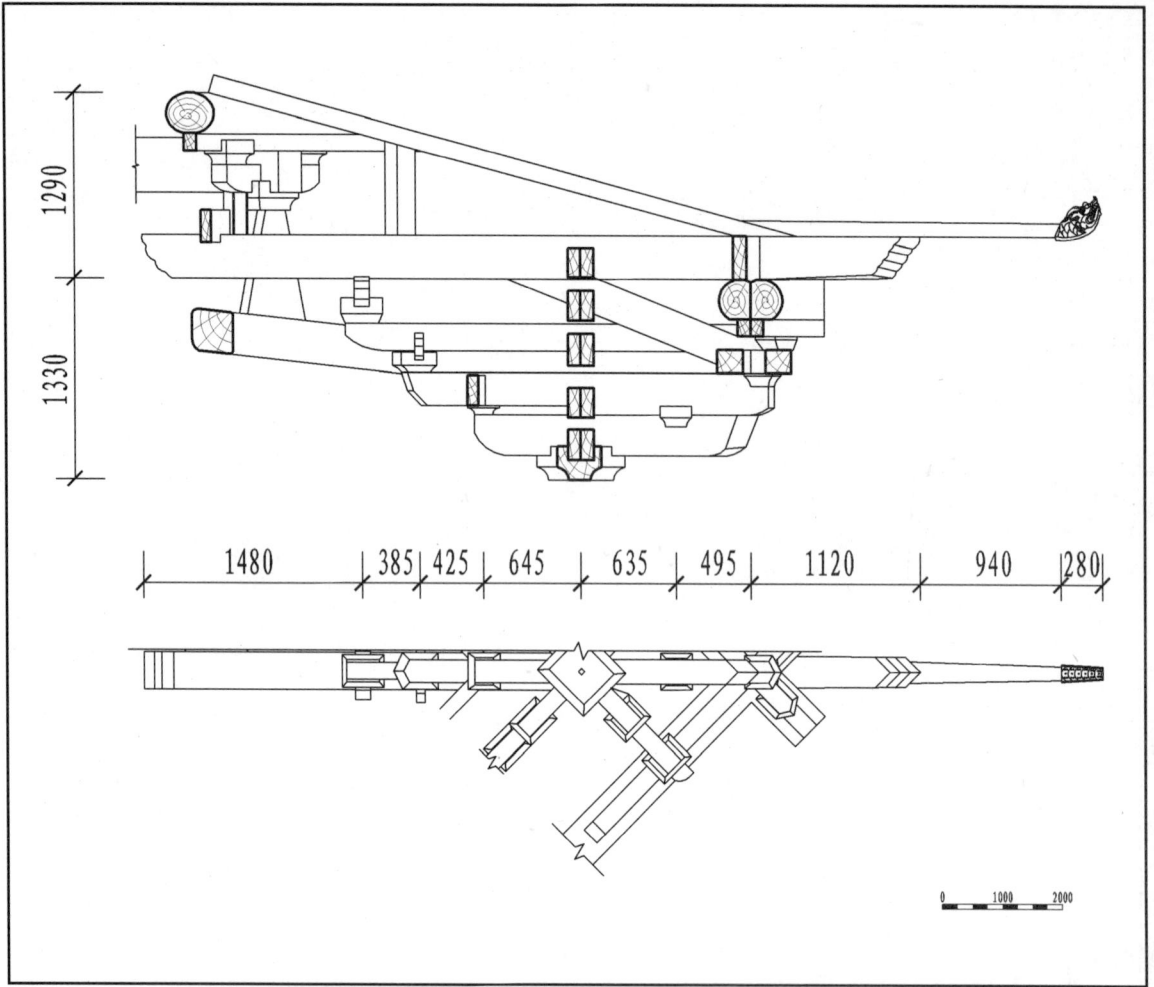

一六　前殿前檐转角45°剖面大样图

高190×宽50　　高190×宽50

340

970

930

750

160

前殿明间东侧梁架后檐驼峰大样图1:10

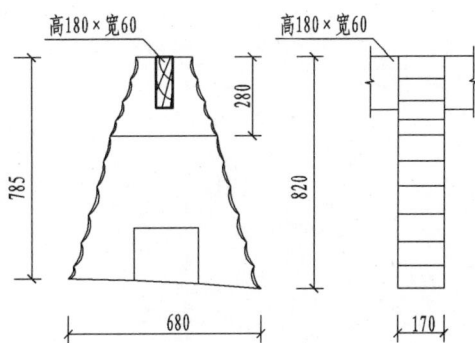

高180×宽60　　高180×宽60

280

785

820

680

170

前殿明间东侧梁架前檐驼峰大样图1:10

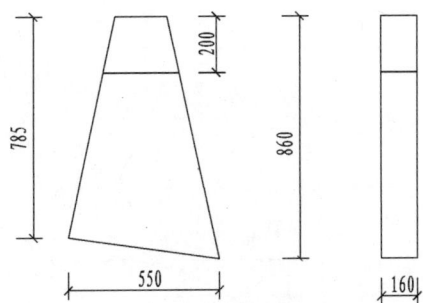

200

785

860

550

160

前殿丁栿驼峰大样图1:10

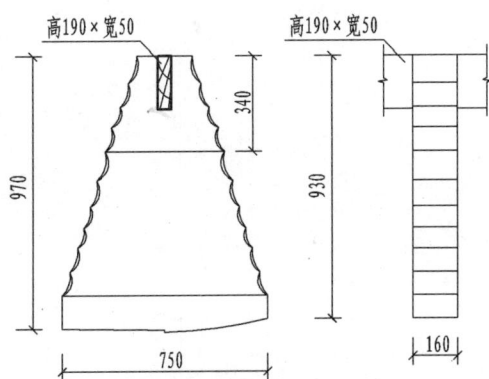

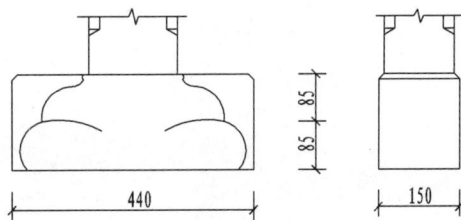

85 85

440

150

前殿平梁驼峰大样图1:5

栌斗

位置	样式	上宽	下宽	上深	下深	耳	平	敧	总高	颤
前檐柱头铺作		440	350	395	280	100	40	90	230	20
后檐柱头铺作		435	350	385	310	95	40	80	215	25
山面前槽柱头铺作		380	270	400	300	95	45	100	240	15
山面后槽柱头铺作		380	270	400	300	95	45	100	240	15
前檐转角铺作		430	325	400	285	90	45	85	220	20
后檐转角铺作		440	320	400	270	90	45	85	220	15
内柱柱头铺作		425	330	385	290	95	35	115	245	25

散斗

位置	样式	上宽	下宽	上深	下深	耳	平	敧	总高	颤
前檐柱头铺作		280	220	220	140	70	30	70	170	10
后檐柱头铺作		270	205	215	145	65	20	65	150	15
山面前槽柱头铺作 (1)		275	210	190	140	55	30	90	175	10
(2)		290	210	275	215	50	40	80	170	15
山面后槽柱头铺作		275	210	210	140	55	30	70	155	10
前檐转角铺作		250	180	205	125	65	10	70	145	10
后檐转角铺作		250	180	200	120	60	20	45	125	10
内柱柱头铺作 (1)		280	220	210	160	60	35	60	155	15
(2)		290	210	240	180	60	30	55	145	15

平盘斗

位置	样式	上宽	下宽	上深	下深	耳	平	敧	总高	颤
前檐转角铺作 (1)		220	140	245	155	—	15	70	85	10
(2)		240	180	210	120	—	15	45	60	15
后檐转角铺作 (1)		200	120	250	180	—	15	60	75	20
(2)		255	170	200	135	—	25	65	90	10

交互斗

位置	样式	上宽	下宽	上深	下深	耳	平	敧	总高	颤
前檐柱头铺作 (1)		300	230	260	180	80	20	60	160	10
(2)		260	180	210	140	75	25	65	165	10
(3)		315	240	290	195	70	30	80	180	10
后檐柱头铺作 (1)		305	230	205	140	75	30	75	180	10
(2)		290	210	290	210	90	20	65	175	15
山面前槽柱头铺作 (1)		270	200	260	140	75	25	80	180	15
(2)		190	110	190	150	60	20	35	115	5
(3)		210	150	270	210	50	40	80	170	15
山面后槽柱头铺作 (1)		240	170	260	140	75	25	80	180	10
(2)		190	130	275	190	55	30	70	155	10
前檐转角铺作 (1)		240	180	210	140	60	15	65	145	10
(2)		255	190	215	155	55	40	70	165	5
后檐转角铺作 (1)		180	125	250	200	70	10	70	150	10
(2)		190	140	210	150	50	35	55	140	10

斜斗

位置	样式	上宽	下宽	上深	下深	耳	平	敧	总高	颤
后檐柱头铺作		280	210	220	170	80	—	70	150	10
山面后槽柱头铺作		220	120	230	150	60	20	70	150	10

一八　前殿斗栱斗子尺寸表

名称	立 面	断 面	拱长	材高	材宽	单/足	瓣	备注	位 置
令 拱			外长 910 内长 1040	210	120	单			山面后槽柱头
令 拱			外长 930 内长 1065	210	120	单			后檐柱头
泥道拱			1020	210	120	单			山面前槽柱头
慢 拱			1020	210	120	单		隐刻	山面前槽柱头
泥道拱			1020	210	120	单			山面后槽柱头
华 拱			1050	310	130	足			前檐柱头
华 拱			1070	275	150	足	4		内柱柱头
泥道拱			1070	210	150	单	4		内柱柱头
华 拱			1080	265	120	足			山面前槽柱头
华 拱			1080	275	120	足	4		山面后槽柱头
泥道拱			1090	210	130	单			前檐柱头
慢 拱			1090	205	110	单		隐刻	前檐柱头
华 拱			1090	275	150	足	4		后檐柱头
泥道拱			1100	280	115	足			前檐转角
慢 拱			1100	205	100	单		半隐刻	前檐转角
泥道拱			1110	210	120	单			后檐柱头
泥道拱			1130	280	120	足			后檐转角
慢 拱			1130	195	120	单		半隐刻	前檐转角
45° 一跳华拱			1445	280	150	足			后檐转角
泥道慢拱			1470	195	120	单		隐刻	山面前槽柱头
泥道慢拱			1570	185	100	单		半隐刻	前檐转角
令 拱			1585	150	120	单			后檐转角
泥道慢拱			1750	195	120	单		半隐刻	后檐转角
45° 一跳华拱			1890	280	160	足			前檐转角
45° 里三跳华拱			2265	175	120	单			前檐转角
45° 里三跳华拱			2265	175	120	单			后檐转角
45° 二跳华拱			2395	205	170	单			后檐转角
45° 二跳华拱			2480	280	160	足			前檐转角

一九　前殿后檐转角斗拱拱子尺寸表

名　称	断　面	月　梁	规　格
平　梁		无月梁	高 360 × 宽 170
东四椽栿			高 450 × 宽 405
西四椽栿			高 455 × 宽 360
前槽丁栿			高 265 × 宽 235
后槽丁栿			高 260 × 宽 165
叉　手			高 235 × 宽 80
托　脚			高 135 × 宽 80

二〇　前殿梁栿尺寸详图

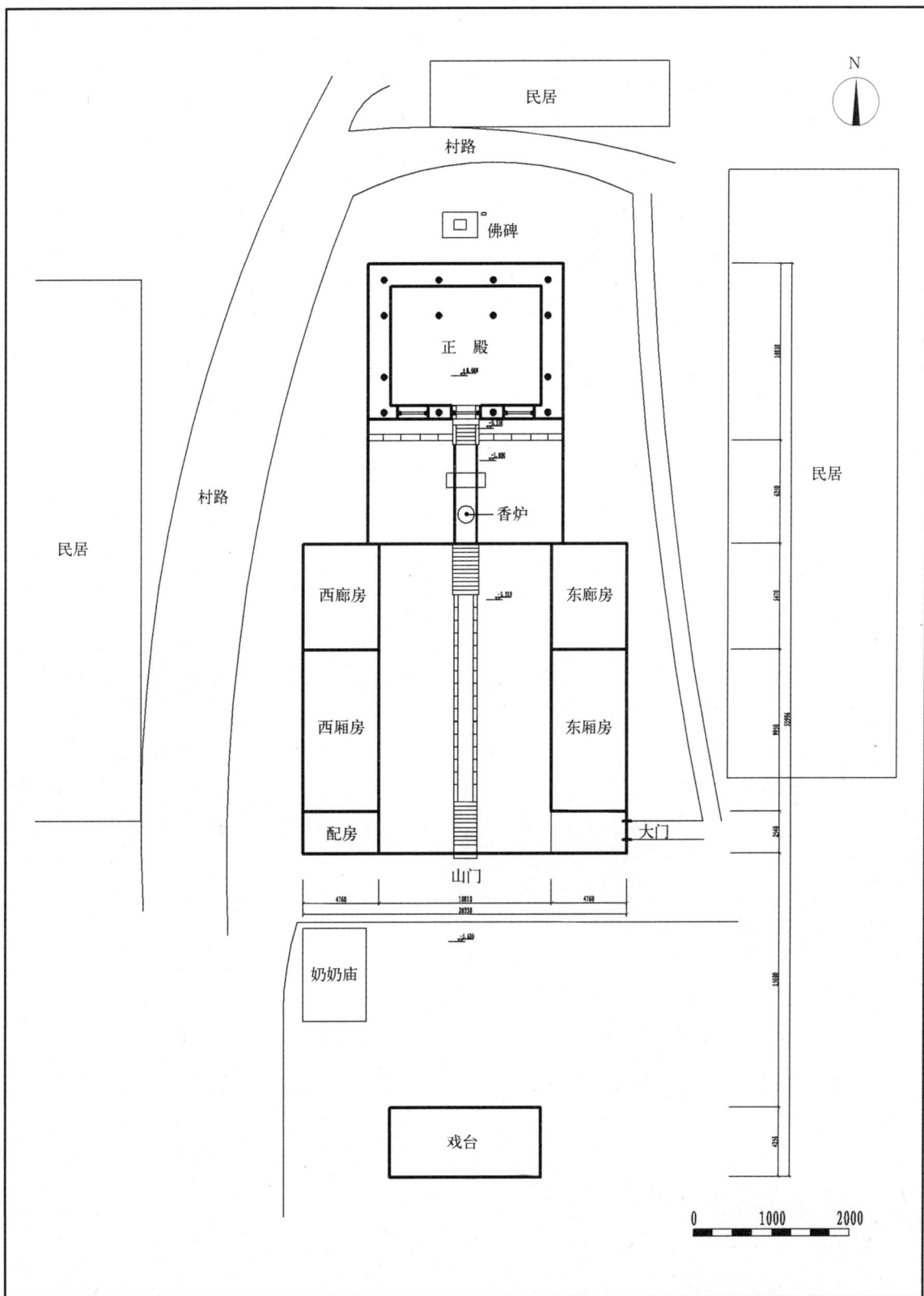

N

民居

村路

佛碑

正殿

民居

村路

民居

香炉

西廊房

东廊房

西厢房

东厢房

配房

大门

山门

奶奶庙

戏台

0　1000　2000

二一　长子县小张村碧云寺总平面图

169

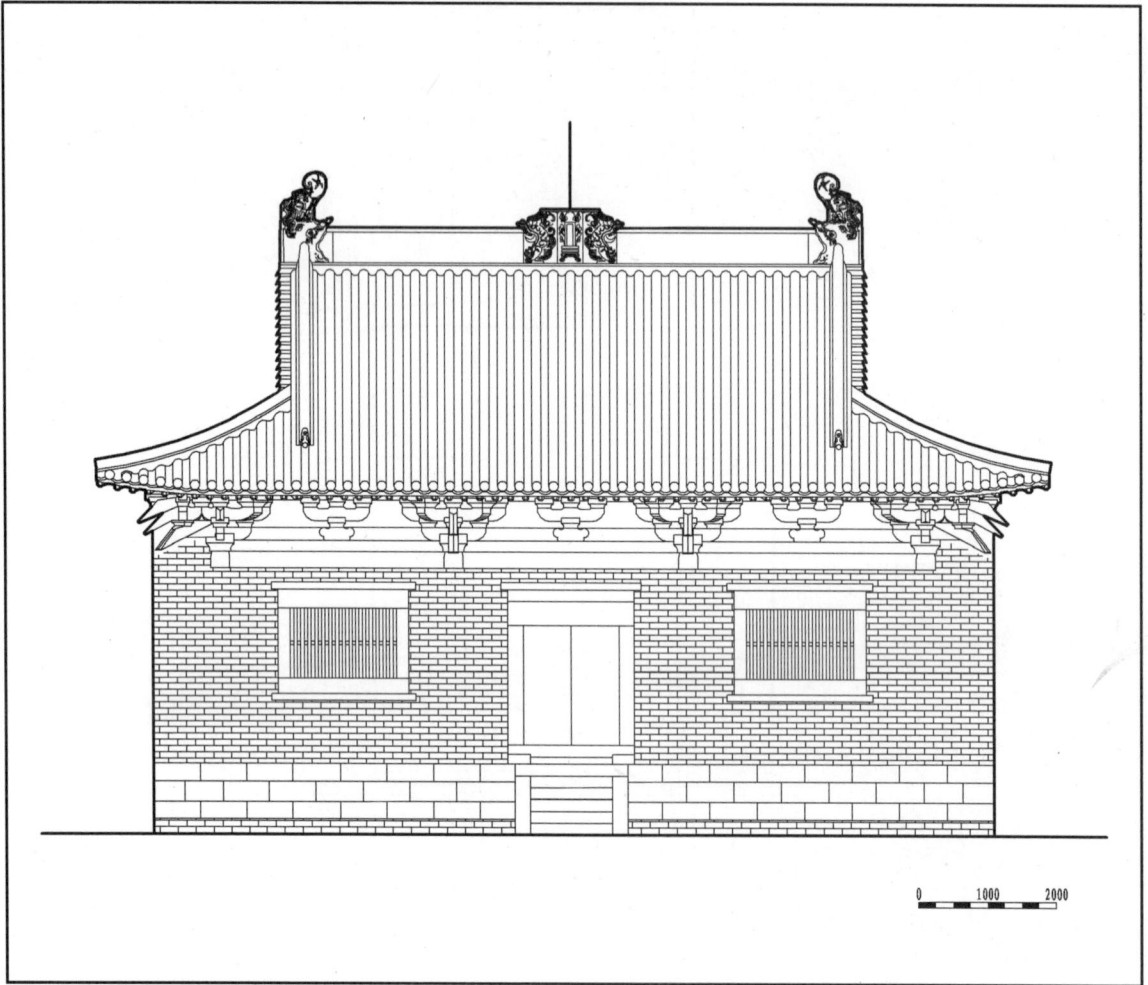

二二　正殿正立面图

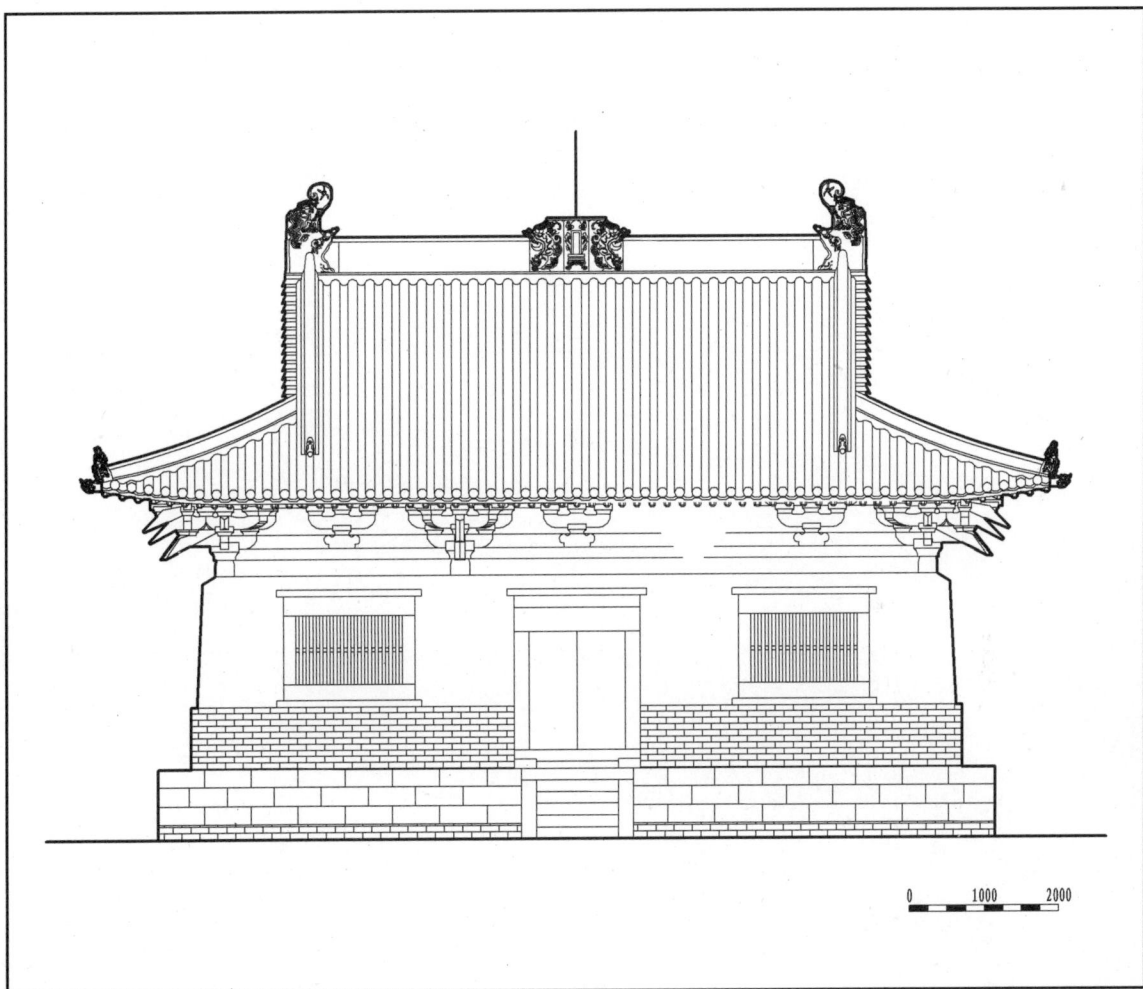

二三　正殿正立面复原图

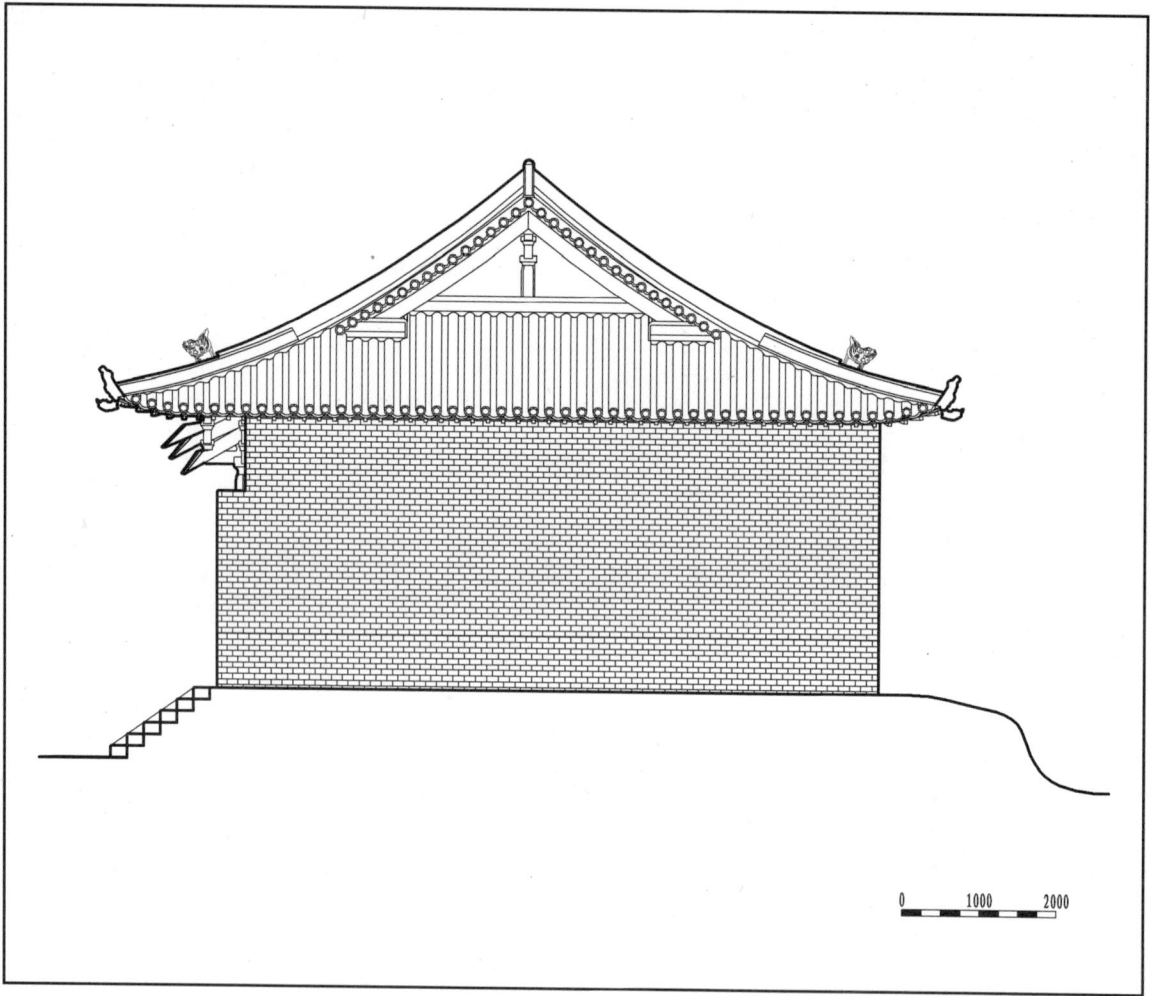

二四　正殿侧立面图

二五　正殿平面图

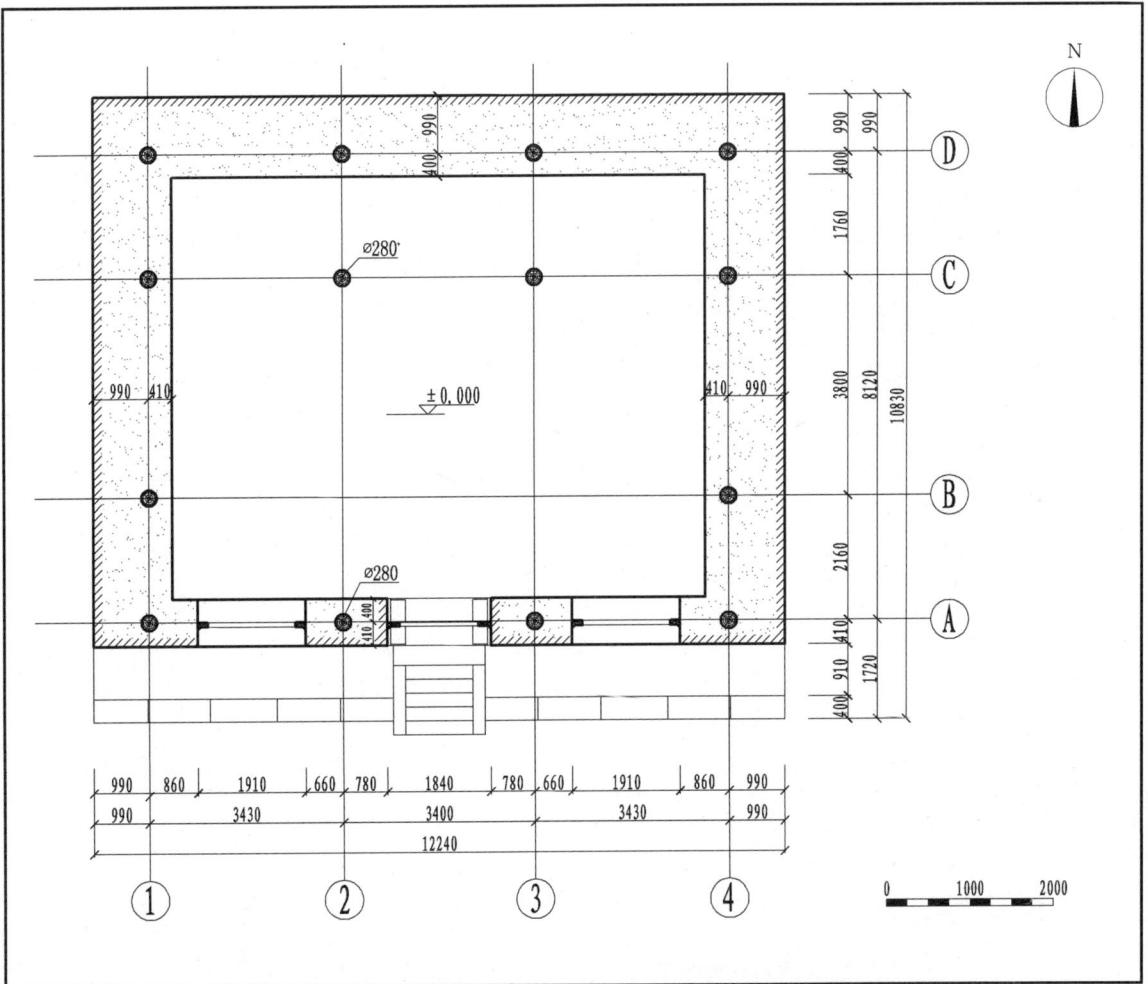

ø280

±0.000

ø280

990　990
400

1760

3800
8120
10830

2160

410

400　910
1720

D

C

B

A

N

990　410

410　990

990　860　1910　660　780　1840　780　660　1910　860　990
990　3430　3400　3430　990
12240

① ② ③ ④

0　1000　2000

二六　正殿横剖面图

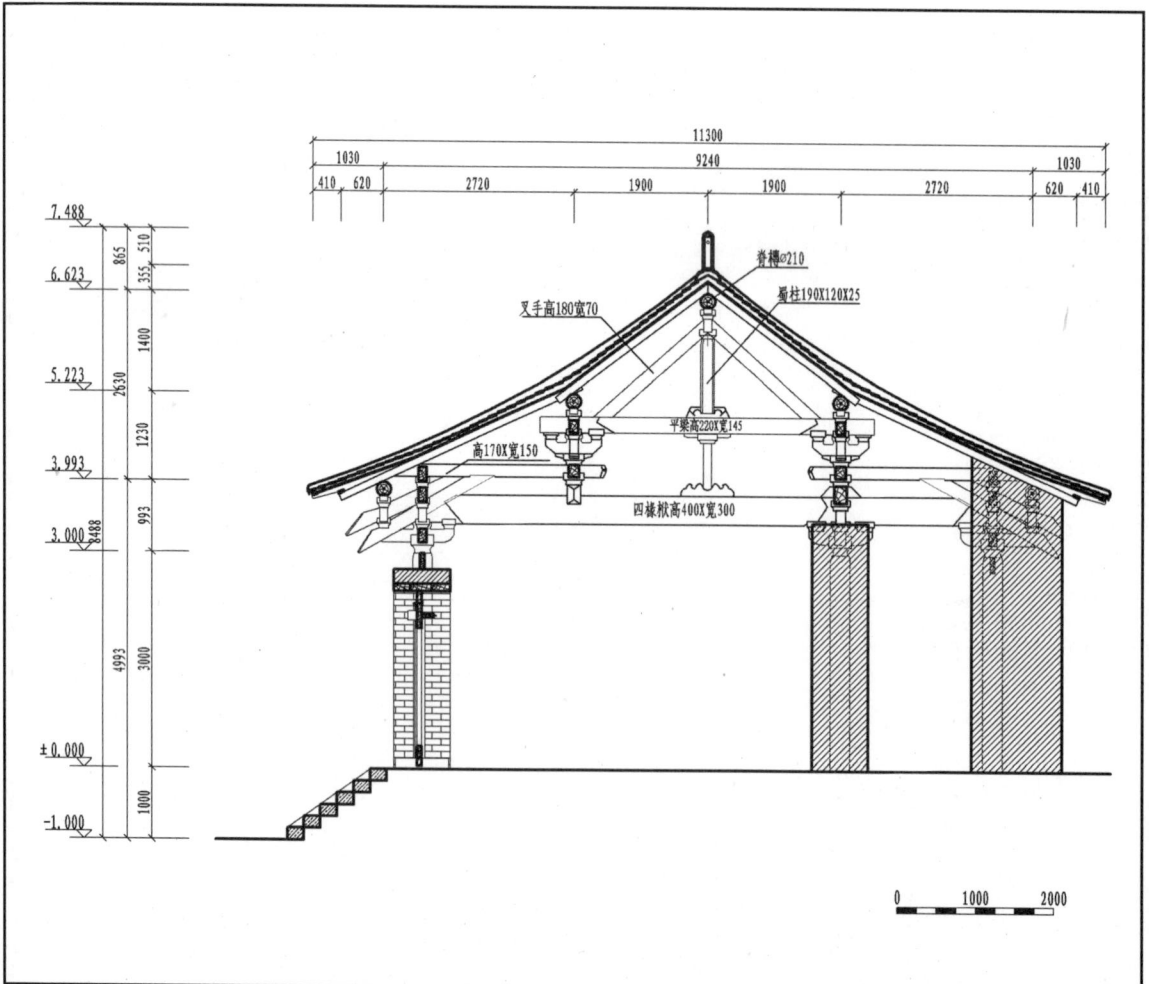

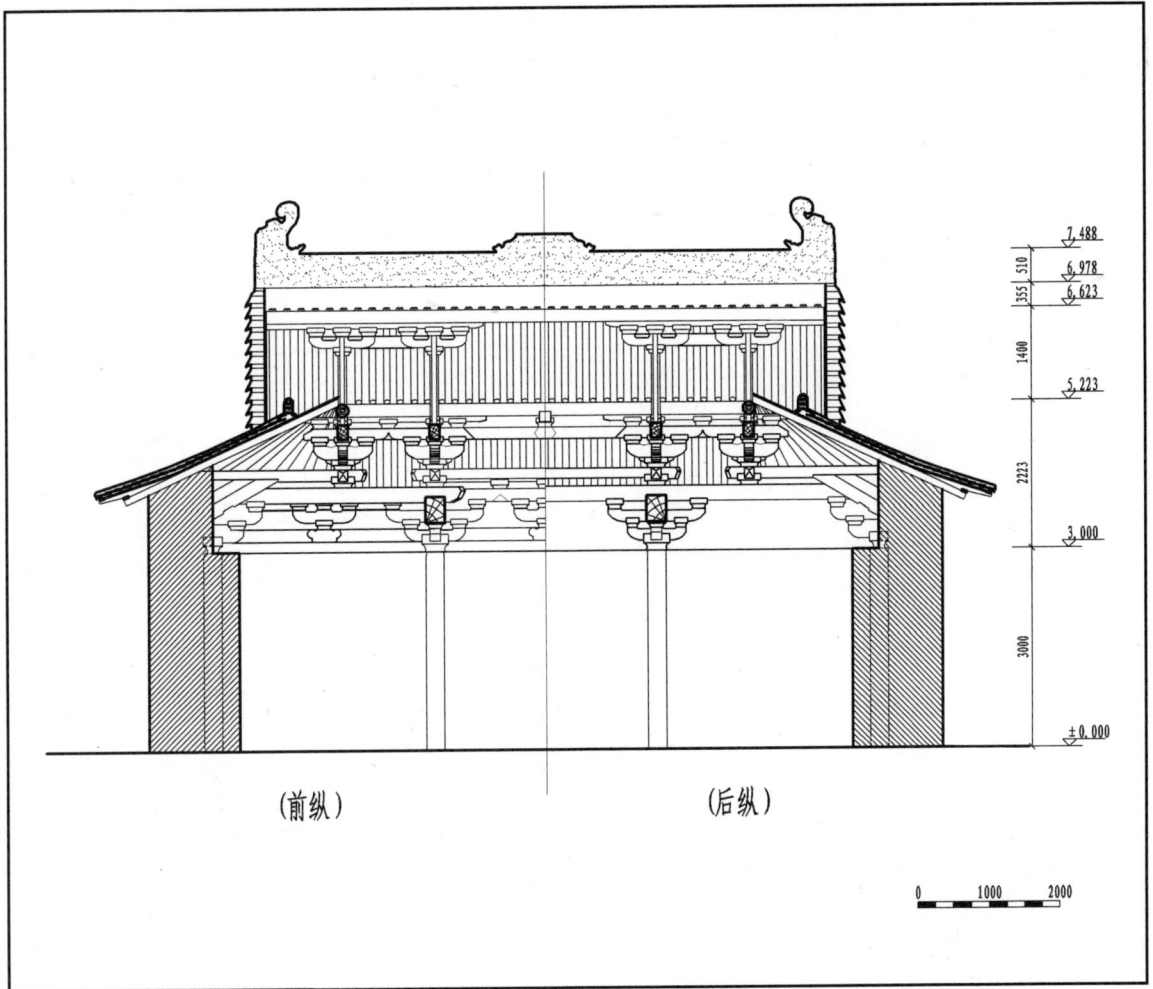

7.488
510
6.978
355
6.623
1400
5.223
2223
3.000
3000
±0.000

（前纵）　　　　　　　　　（后纵）

0　　1000　　2000

二七　正殿纵剖面图

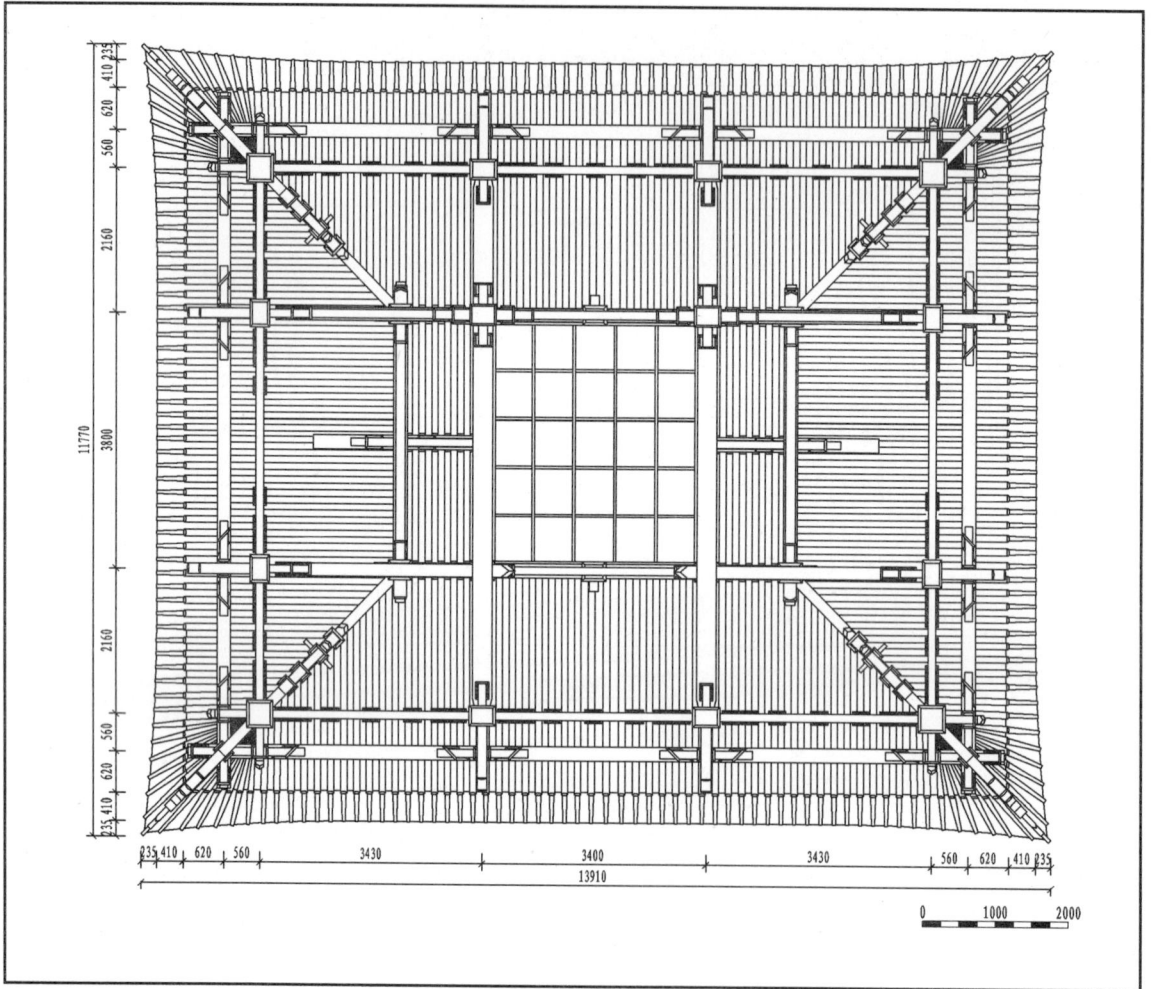

二八　正殿仰视图

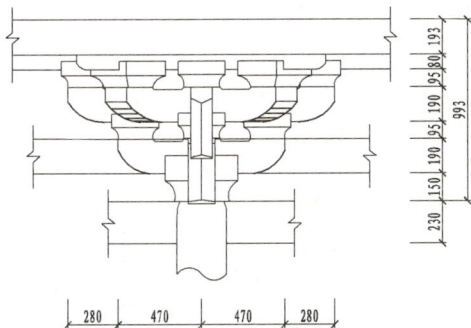

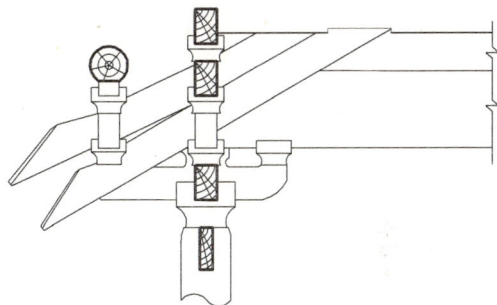

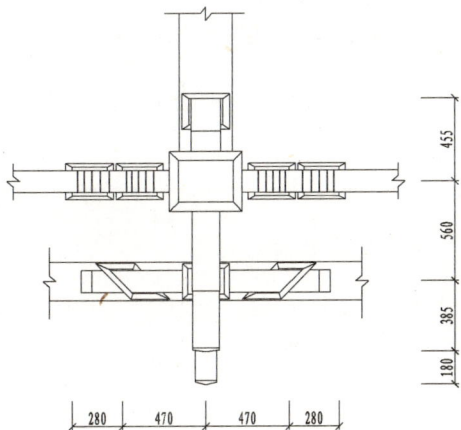

斗子尺寸表

	上宽	下宽	上深	下深	耳	平	欹	幽页	备注
栌斗	410	310	330	230	100	40	110	25	
散斗	265	195	200	160	45	30	65	15	
交互斗	265	205	195	140	50	20	70	15	
斜斗	220	135	280	190	45	30	65	15	
交互斗	270	190	195	145	40	30	65	15	华栱上斗

栱子尺寸表

	总长	材宽	材高	上留	平出	橄	备注
泥道栱	940	120	190	60	90	5	隐刻（单材）
泥道慢栱	1500	120	190	80	40	5	单材
泥道慢栱	2360	120	180	60	90	5	隐刻（单材）
令栱	840	120	180	80	130	5	单材
华栱	480	163	265	60	90	5	足材

二九　正殿柱头斗栱大样图

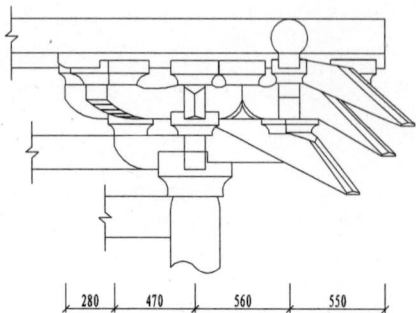

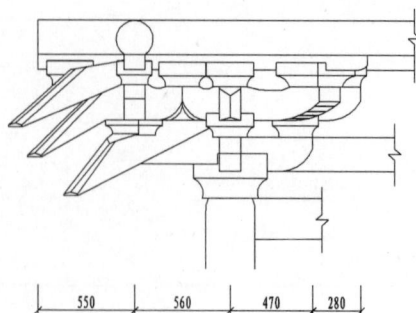

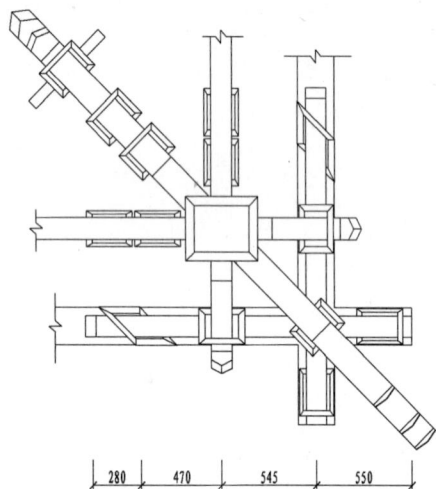

斗子尺寸表

	上宽	下宽	上深	下深	耳	平	欹	倾	备注
栌斗	410	310	330	230	100	40	110	25	
散斗	265	195	200	160	45	30	65	15	
交互斗	265	205	195	140	50	20	70	15	
斜斗	220	135	280	190	45	30	65	15	
交互斗	270	190	195	145	40	30	65	15	华栱上斗

栱子尺寸表

	总长	材宽	材高	上留	平出	颤	备注
泥道栱		120	190	60	90	5	隐刻(单材)
泥道慢栱		120	190	80	40	5	单材
泥道慢栱		120	180	60	90	5	隐刻(单材)
令栱		120	180	80	130	5	单材
华栱		150	265	60	90	5	足材

三〇　正殿转角斗栱大样图

三一　正殿转角斗栱45°剖面大样图

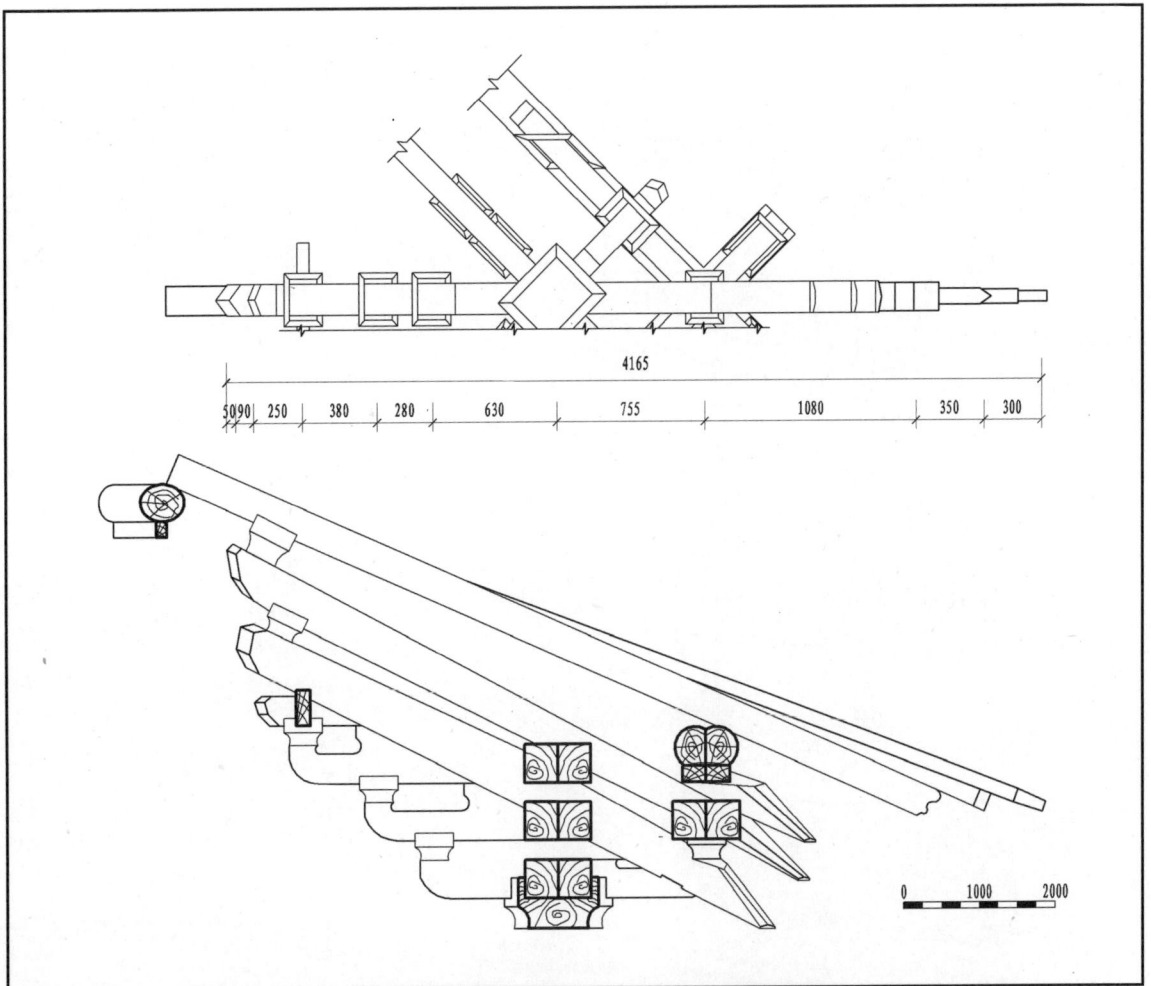

4165

50 90 | 250 | 380 | 280 | 630 | 755 | 1080 | 350 | 300

0　　1000　　2000

三二 正殿内柱柱头斗栱大样图

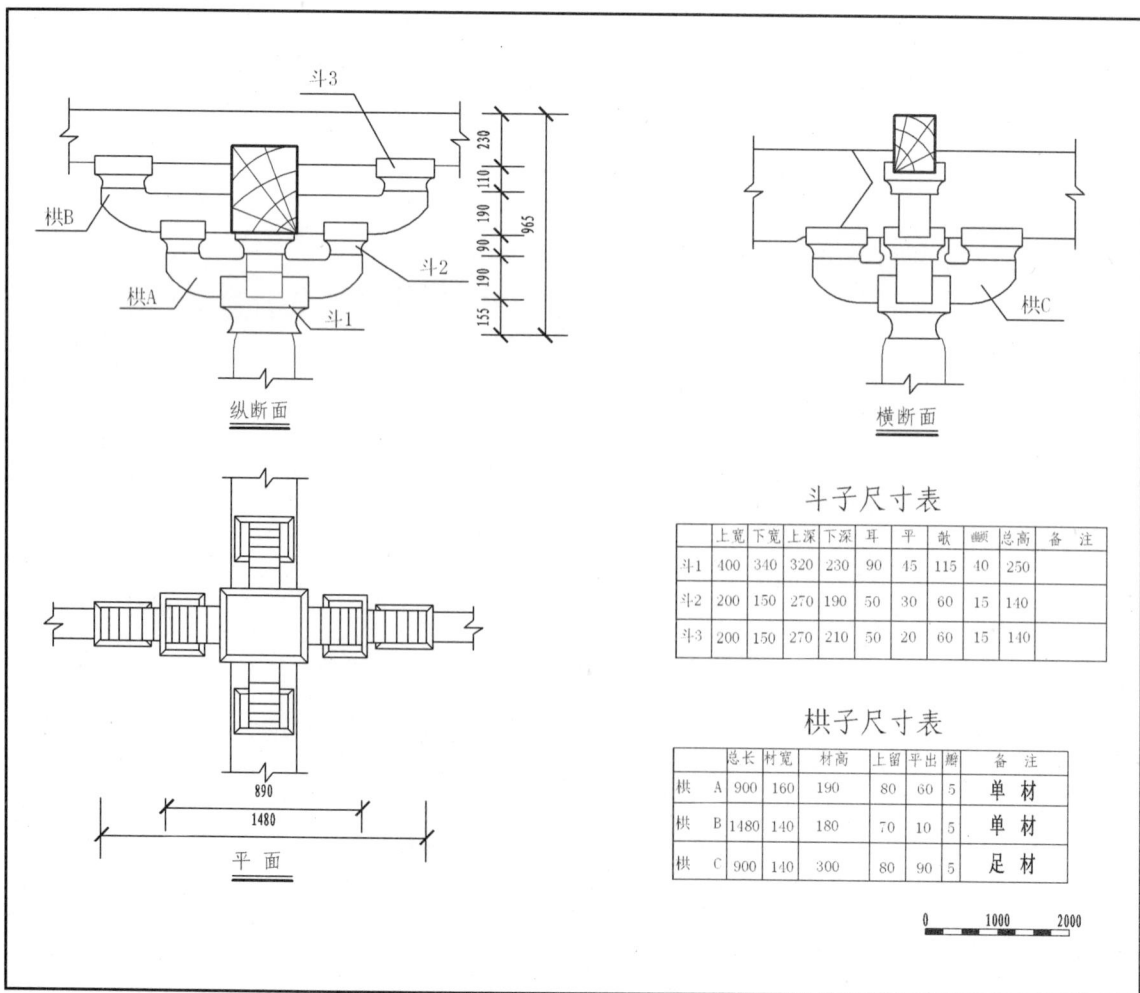

纵断面

横断面

平面

斗子尺寸表

	上宽	下宽	上深	下深	耳	平	欹	颤	总高	备注
斗1	400	340	320	230	90	45	115	40	250	
斗2	200	150	270	190	50	30	60	15	140	
斗3	200	150	270	210	50	20	60	15	140	

栱子尺寸表

		总长	材宽	材高	上留	平出	颤	备注
栱	A	900	160	190	80	60	5	单材
栱	B	1480	140	180	70	10	5	单材
栱	C	900	140	300	80	90	5	足材

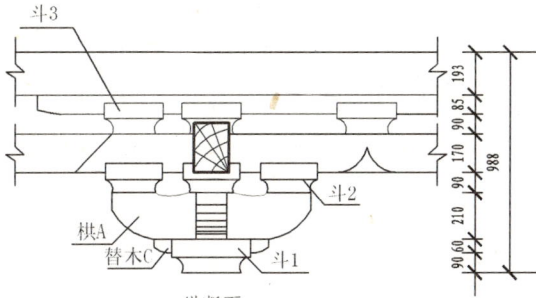

纵断面

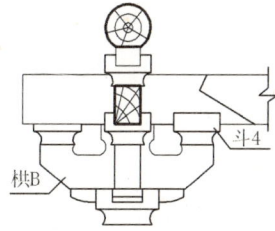

横断面

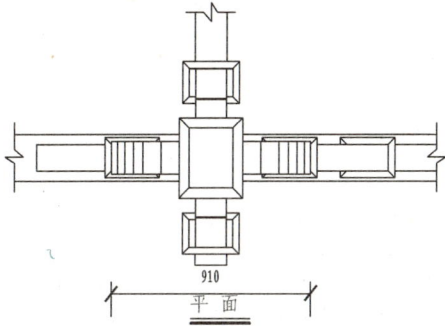

910

平 面

斗子尺寸表

	上宽	下宽	上深	下深	耳	平	欹	顧	总高	备注
斗1	365	275	295	230	60	30	70	25	170	
斗2	250	190	180	130	50	30	60	15	140	
斗3	275	205	215	155	50	30	60	15	140	
斗4	260	200	185	135	45	20	75	15	140	

栱子尺寸表

	总长	材宽	材高	上留	平出	幽	备注
栱 A	910	145	200	70	85	5	单 材
栱 B	800	140	60	35	20		足 材
替木C	525	140	290	90	120		

0   1000   2000

三三 正殿攀间斗栱大样图

	样 式	上 宽	下 宽	上 深	下 深	耳	平	欹	总 高	幽页	备 注	位 置
斗一		355	260	260	200	60	30	80	170	25		明间西缝梁架内柱柱头攀间铺作上栌斗
斗二		255	195	180	140	30	30	65	125	20		明间西缝梁架内柱柱头攀间铺作上散斗
斗三		255	195	180	130	40	20	65	125	25		明间西缝梁架内柱柱头攀间铺作上散斗
斗四		275	200	205	150	50	30	60	140	20		明间西缝梁架前平槫替木下斗
斗五		360	275	260	220	65	25	70	160	25		明间西缝梁架前搭牵上斗
斗六		360	270	285	225	60	40	70	170	30		明间西缝梁架前檐搭牵下斗
斗七		275	195	205	135	45	30	60	135	15		明间东缝梁架前檐平槫替木下斗
斗八		355	280	290	200	70	30	70	170	20		明间东缝梁架前檐搭牵上斗
斗九		275	210	190	120	40	25	65	130	20		明间东缝梁架后檐攀间铺作上散斗
斗十		415	330	300	230	105	40	105	250	25		山面柱头铺作上栌斗东、西各一个
斗十一		410	310	330	230	100	40	110	250	25	10瓣	前后檐角檐柱柱头转角铺作上栌斗各一个

三四　正殿早期特征明显的斗子尺寸表

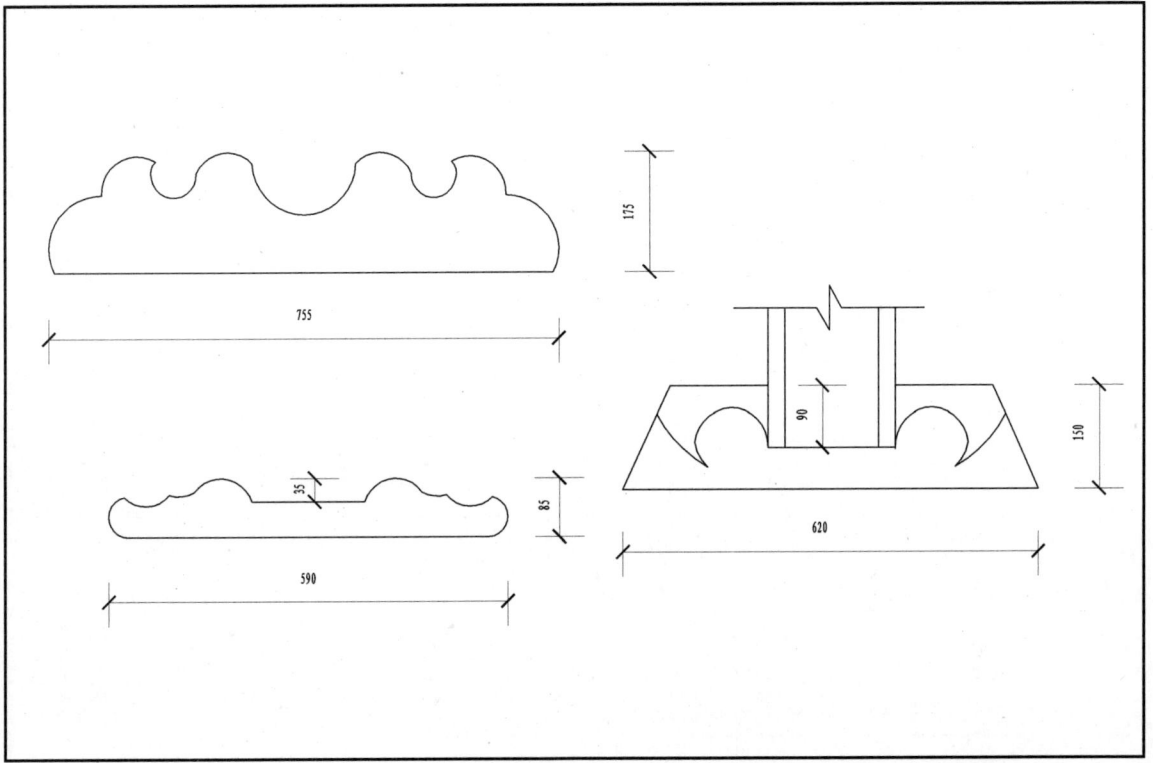

三五 正殿驼峰大样图

名　称	立　面	断　面	栱长	材高	材宽	单/足	瓣	位　置
半　栱	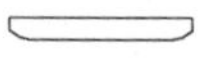		525	60	140			攀间铺作
折线栱	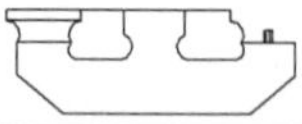		800	290	140	足	5	攀间铺作
令　栱	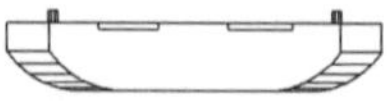	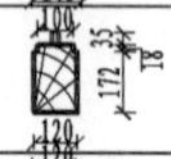	外长 840 内长 1080	190	120	单	5	前檐柱头铺作
泥道慢栱	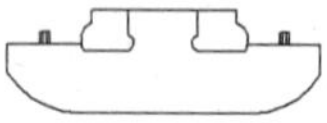	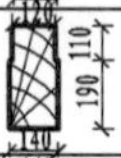	900	300	140	足	5	内柱柱头铺作
泥道栱	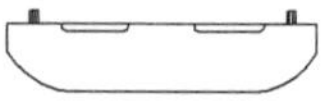		900	190	160	单	5	内柱柱头铺作
	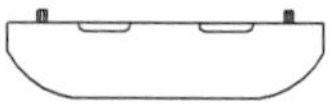	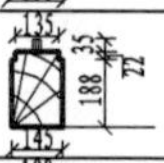	910	210	145	单	5	攀间铺作
泥道栱	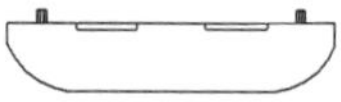	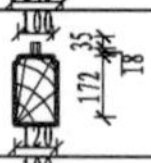	940	190	120	单	3	前檐柱头铺作（隐刻）
补间泥道慢栱	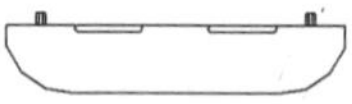	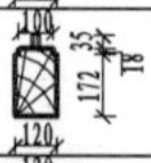	970	190	120	单	5	前檐补间铺作
华　栱	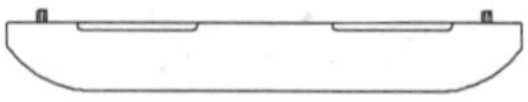	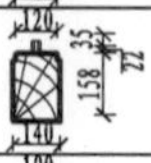	1480	180	140	单	5	内柱柱头铺作
泥道慢栱	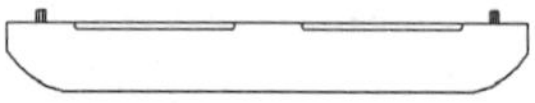	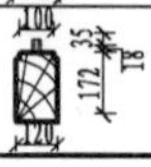	1500	190	120	单	5	前檐柱头铺作

三六　正殿斗栱栱子大样图

184

平 梁			高 220 × 宽 145
四椽栿			高 400 × 宽 300
丁 栿			高 170 × 宽 150
丁 栿			高 245 × 宽 180

三七　正殿梁栿尺寸详图

彩 色 图 版

COLOUR　PLATES

一　长子县布村玉皇庙前殿前檐结构

二　前殿背面结构

三　前殿须弥座

四　前殿西南转角斗栱

五 前殿东北转角斗栱

六 前殿西侧驼峰隔架

七　前殿西侧梁架结构

八　前殿西北角后槽平置丁栿结构

九　前殿后槽西侧乳栿月梁做法

一一　前殿后槽内柱覆盆式莲花柱础

一二　前殿东南角柱柱头栌斗间皿板

一三　前殿前檐八角形柱

一四　长子县小张村碧云寺正殿

一五　正殿前檐斗栱结构

一六　正殿前檐柱头斗栱

一八　正殿西南角平行椽

一九　正殿前槽东侧梁架斗栱

二〇　正殿平梁下的折线栱

二一　正殿前檐平柱栱头卷瓣内颐做法

二二　正殿后檐柱头栌斗
　　的皿斗做法

二三　正殿后槽东侧内柱
　　栌斗的燕尾做法